普通高等教育艺术设计类新形态教材

宋立民　总主编

商业空间设计基础

FUNDAMENTALS OF

COMMERCIAL SPACE DESIGN

韩　默　主编

中国轻工业出版社

图书在版编目（CIP）数据

商业空间设计基础 / 韩默主编. ––北京：中国轻工业出版社，2025.2

ISBN 978-7-5184-4743-5

Ⅰ.①商… Ⅱ.①韩… Ⅲ.①商业建筑—室内装饰设计 Ⅳ.①TU247

中国国家版本馆CIP数据核字（2024）第058979号

责任编辑：朱利利　　　　责任终审：高惠京　　　　设计制作：锋尚设计
策划编辑：王　淳　王　玙　责任校对：朱　慧　朱燕春　责任监印：张京华

出版发行：中国轻工业出版社（北京鲁谷东街5号，邮编：100040）
印　　刷：天津裕同印刷有限公司
经　　销：各地新华书店
版　　次：2025年2月第1版第1次印刷
开　　本：870×1140　1/16　印张：9
字　　数：200千字
书　　号：ISBN 978-7-5184-4743-5　定价：58.00元
邮购电话：010-85119873
发行电话：010-85119832　010-85119912
网　　址：http://www.chlip.com.cn
Email：club@chlip.com.cn
版权所有　侵权必究
如发现图书残缺请与我社邮购联系调换
231250J1X101ZBW

前言 PREFACE

习近平总书记在党的二十大报告中，提出了一系列关于教育的新观点、新思想、新要求。教育、科技、人才是全面建设社会主义现代化国家的基础性、战略性支撑。必须坚持科技是第一生产力、人才是第一资源、创新是第一动力，深入实施科教兴国战略、人才强国战略、创新驱动发展战略，开辟发展新领域新赛道，不断塑造发展新动能新优势。

商业空间设计涵盖面广，对环境设计人才培养具有强烈的指导意义，同时有很强的科技含量，需要有创新精神，要对传统设计的认知不足进行改进；对设计人才的培养有较高的要求。

商业空间对促进国家经济发展建设有强大的推动作用。实体经济是国家经济的立身之本，是国家强盛的重要支柱。商业空间是时代发展的产物，它承载着城市的历史文化并兼容了大量的市民生活，在城市中占据着重要位置。

随着人们生活水平的提高，商业空间设计也呈现多元化、复合化的发展方向，现在的商业空间已经不仅仅是单纯的商业活动，而是集购物、休闲、餐饮、娱乐为一体的、汇聚人气的公共空间。商业空间的发展促进了商业空间设计这门专业的发展，许多院校设有商业空间设计课程，许多设计公司专门成立商业空间设计研发部门。但是，目前我国还是存在很多不符合消费者、消费者需求的商业空间环境。例如，商业空间的整体风格、环境基本雷同，虽然名叫商场却没有设计元素，完全是千篇一律、毫无创新性的卖场；特别是大型商场没有标识导向设计，每层楼没有商品导向标识牌，导致消费者找不到想去的场所；商场中没有垃圾桶，导致消费者垃圾无处投放；商场没有考虑到动线问题，导致节假日商场内过于拥挤，造成通行堵塞，甚至出现意外也无法及时、快速地疏散人群等问题。其实商业空间设计是一项系统工程，需要考虑的问题很多，只满足消费者的一时之需，对于设计师而言是毫无意义的。

现在商业空间设计的市场需求量很大，要求刚走出校门的新型设计师能面对挑战，提出更深刻的设计思想。基于此原因，本书的编写对象针对环境艺术设计、室内设计和建筑学专业学生，同时兼顾相关行业设计师学习、培训和参考使用。

本书主要内容包括：商业空间概述、设计要求与程序、人体工程学与导向系统、空间类型与设计方法、商业空间动线设计、商业空间照明设计、商业空间色彩设计、商业空间陈设与绿化设计。本书附带 PPT 多媒体课件，适合现代教学，同时也可供读者自学参考。通过本书知识点引导，读者可掌握商业空间设计方法与程序，读者可提高设计思维和构成能力，为今后设计项目打下良好的基础。本书按照教案式的课堂教学模式进行编排，并安排设计了课后练习，便于读者进一步学习。

本书由清华大学美术学院环境艺术系宋立民教授总主编，在此表示感谢。

韩　默
于北京理工大学

目 录 CONTENTS

第1章　商业空间概述

1.1　商业空间基础 ······················ 001
1.2　商业空间设计特点 ················ 003
1.3　商业空间设计发展趋势 ··········· 007
1.4　商业空间设计学习方法 ··········· 009
课后练习 ································· 011

第2章　设计要求与程序

2.1　商业空间设计要求 ················ 012
2.2　商业空间设计阶段 ················ 014
2.3　设计师素质培养 ··················· 025
课后练习 ································· 026

第3章　人体工程学与导向系统

3.1　商业空间设计与人体工程学 ····· 027
3.2　商业空间标识与导向系统设计 ·· 030
3.3　人体工程学设计案例 ·············· 034
课后练习 ································· 037

第4章　空间类型与设计方法

4.1　购物空间设计 ······················ 038
4.2　酒店空间设计 ······················ 045
4.3　餐饮空间设计 ······················ 054
4.4　娱乐空间设计 ······················ 060
4.5　休闲空间设计 ······················ 062
课后练习 ································· 064

第5章　商业空间动线设计

5.1　动线设计基础·················065
5.2　动线设计作用·················069
5.3　动线引导方法·················072
5.4　动线设计原则·················077
5.5　动线规则细节·················080
5.6　动线类型把控·················084
5.7　动线设计案例·················089
课后练习·······················097

第6章　商业空间照明设计

6.1　照明设计基础·················098
6.2　灯具类型与运用···············101
6.3　照明形式与表现方式···········105
6.4　照明设计原则·················107
6.5　照明设计案例·················109
课后练习·······················111

第7章　商业空间色彩设计

7.1　色彩设计基础·················112
7.2　色彩感知引导·················115
7.3　色彩设计原则与作用···········117
课后练习·······················119

第8章　商业空间陈设与绿化设计

8.1　家具摆放·····················120
8.2　商品陈设·····················124
8.3　环境绿化·····················129
8.4　陈设与绿化设计案例···········133
课后练习·······················137

参考文献·······················138

第1章 商业空间概述

识读难度：★☆☆☆☆

重点概念：商业空间、科技与人文、商业设计发展趋势、设计软件

◀ 章节导读

商业空间设计是现代科学技术与人文社会科学相结合的专业课程。商业空间是公共空间的一种，是商品与服务的交易场所，为了提高商品与服务的交易额度，保证投资者的收益，商业空间设计成为一门独立的专业学科。本章重点讲解了商业空间的基础、设计特点、设计发展趋势和设计学习方法（图1-1）。

图1-1：作为商品与消费者之间信息媒介的餐饮空间，其设计带有鲜明的时代特征。在注重餐饮店设计时代感的同时，也不能忽略其民族风格。特定的地理、气候及其生活环境因素造就了各民族特有的生活习俗和情感反应。

图1-1 餐饮店

1.1 商业空间基础

商业空间是以商品的陈列展示为主，以促进商品销售为目的的环境空间。商业空间与人的影响力紧密联系在一起。

1.1.1 商业空间概述

商业空间是为商业活动提供所需的空间环境，

包括：室外空间、过渡空间、室内空间三种，它具备展示性、服务性、科技性、艺术性、娱乐性等，是汇聚人气的场所。

1. 商业空间由来

人类从事商业活动可追溯到原始生产时期，以家畜、器皿、织物和贵重装饰品等作为等价交换物的以物易物，取代了物物交换形式（图1-2）。集市逐渐以赶集和"庙会"等形式固定下来，聚集于渡口、驿站等交通要道，成为相对固定的货贩，为来往提供食宿的客栈成为固定的商业原型（图1-3）。

商业活动从非定期交易，发展到定期集市，由流动方式发展成集中交易。商业空间从流动的空间逐渐演变成特定的空间，而商铺的固定又聚集和吸引了不同的商业种类和商品交易，城镇或商业区由此产生。

2. 商业空间概念

商业空间是商业活动所需的各类空间环境。商业概念有广义与狭义之分。广义的商业是指所有以营利为目的的事业，是更变财产所有权以取得利润的一种经济行为；而狭义的商业是指专门从事商品交换活动的营利性事业，就是纯粹的商品买卖。

3. 传统商业空间与现代商业空间区别

（1）传统商业空间。一般包括零售、餐饮、生活服务、休闲娱乐等这几大消费空间。相对于现代商业空间，传统商业空间主要是指以各种老字号店铺、棚摊或步行街（图1-4）等为代表的传统型购物空间。

（2）现代商业空间。与传统商业空间相比，现代商业空间更像是一个商业综合体，由单一的零售商店、餐饮类空间、服务业发展为综合性的消费场所，现代建筑设计也是现代商业空间的一大亮点。这类空间陈设需求大、要求高，受众面广，更接近世界潮流（图1-5）。

图1-2 古埃及壁画上的物物交换场景

图1-2：在古埃及壁画上出现了交易场景，不定期交易后来又发展为定期的集市形式，而货币作为交换形式的出现也意味着商业的诞生。

图1-3 北宋人们赶集场景

图1-3：北宋著名画家张择端在《清明上河图》中描绘了北宋汴梁的繁荣情景，其绘画作品中就有人们赶集的场景。

图1-4 北京南锣鼓巷

图1-4：南锣鼓巷是一条非常有特色的商业街，以经营酒吧、工艺品为主。整条商业街以四合院小平房为主，门前高挂小红灯笼，装修风格回归传统、朴实，保留着北京胡同特有的风貌。

图1-5 香港时代广场

图1-5：香港时代广场位于香港铜锣湾罗素街，是香港最大的购物中心之一。香港时代广场采用百货公司的开放式购物廊设计，消费及娱乐设施划分为不同的区域，包括购物、娱乐、休闲及饮食。

1.1.2 商业空间设计

为商业服务的空间设计具有广义和狭义上的区分。广义的商业空间设计可理解为所有与商业行为、活动相关的空间环境。狭义的商业空间设计可以理解为商业活动所需的空间环境设计，包括空间形态、色彩要素、灯光配比、展陈方式等设计基本要素。

随着人类社会不断进步和市场经济迅速发展，现代商业空间的综合功能和规模不断扩大，出现各类商业用途的空间环境设计，如宾馆酒店、餐饮店、娱乐场所、休闲空间、专卖店（图1-6）等空间均属于其范畴。这就必须形成多样化的特征，其概念也会不断演变和延伸。

现代商业空间设计应该以满足商业发展需求为前提，搭建商业活动平台，将创新与时代相结合，营造出满足人们商业活动需求的空间环境。随着互联网时代的到来，线上消费、线上营销等新消费行为的出现，给线下实体商业空间带来了巨大的冲击，并促使其进行变革。在这样的背景下，商业空间设计不能仅局限于空间造型和室内设计，还应对线下空间的新格局和新机制进行深度思考。如自媒体营销与网红打卡体验的新行为、传统业态与新兴业态的新融合、外卖与餐饮空间设计的新关系等。这些思考将影响新时代背景下的线下商业空间的格局与形式。

图1-6 专卖店

图1-6：专卖店设计，不仅要满足商业空间的功能需要，而且要满足顾客的心理需求。

1.2 商业空间设计特点

商业空间的设计目的是促进消费，因此，要最大程度地满足商业空间的使用功能，满足人们的使用功能要求。在现代商业空间的使用功能上，除传统的设计理念、设计方法外，其功能性特征主要还表现为以下几个方面。

图1-7 汽车4S店展台

图1-7：在汽车4S店展示的主要是车辆的外观以及内饰，为更好地表现品牌理念，在核心空间设计一个户外的露营场所，以表达该品牌与现代最流行的生活方式的同步。

图1-8 展示牌

图1-8：超市入口的展示牌通过鲜艳的颜色、醒目的标语告知消费者超市的活动，吸引消费者进入并选购商品。

1.2.1 展示性

商业空间以商品的陈列展示为主，以促进商品销售为目的，还包括有关产品本身以及附加信息的传达。

商业空间只有通过展示，才能体现其精神面貌。要使消费者对商店有所了解，可以通过商品的展台（图1-7）、展示牌（图1-8）、展板甚至模特的表演来激发消费者的购买兴趣，促进购买欲望，增加购买信心。商品的展示通过有秩序、有目的、有选择的手段来进行，一个好的展示空间设计会给消费者留下深刻的印象。

在当今社会中，消费文化是时代的象征和标志，应不断创造出符合消费者心理，具有新艺术潮流的展示空间设计。

— 补充要点 —

处理好人与空间的相互关系

1. 研究人与人的互动关系及消费者实现移动时的生动效果；

2. 加强人与空间环境的关系，创造商业空间戏剧性；

3. 重点使人在心理上对商品产生连续的"注意"和被吸引的感觉，但要与周围的空间设计相呼应。

1.2.2 服务性

空间存在即为人的需要提供相应的服务功能，满足人们精神与物质生活的需要，其中包括有形和无形的服务，例如购物、休闲、咨询（图1-9）、汇兑、租赁、寄存（图1-10）、修理、餐饮、美容等。

1.2.3 娱乐性

在大型商业空间中，经营者一般会提供影院

图1-9 咨询台

图1-9：在展览会等商业场合上，门口或展会的中心位置一般设有咨询台，其目的是为人们提供咨询、帮助。

图1-10 超市物品寄存柜

图1-10：在超市的进入口常常会看到物品寄存柜，这种服务是为了便于人们以更加轻松愉悦的心情进行采买。

图1-11 环幕影院

图1-11：在商场中，影院往往都设置在顶楼，其目的是让人们在前往电影院的同时看到商场的其他店铺，从而促进消费。

图1-12 儿童乐园

图1-12：商场中的儿童乐园一般设置在儿童服装用品一层，在提供儿童玩耍场地的同时也促进儿童用品、服装的售卖。

（图1-11）、儿童乐园（图1-12）、电玩、运动休闲等各类娱乐场所，以满足消费者的多元需求。

1.2.4 艺术性

设计是一门科技与艺术相结合的学科，商业空间设计与其他空间相比，更加强调艺术性。好的商业空间设计往往是功能性与艺术性巧妙结合的结果（图1-13、图1-14）。

商业空间的艺术性体现在商业精简设计的内涵和表现形式两个方面。商业空间设计的内涵是通过空间气氛、意境，以及带给人的心理感受来表达艺术性的；商业空间设计的表现形式则主要是指空间的适度美、韵律美、均衡美、和谐美塑造的美感和艺术性，不是简单指选用装饰材料进行装修和造型设计。

1.2.5 科技性

商业空间的科技性首先体现在将新材料、新技术运用于设计之中,注重科技手段的运用和加强。其次,就是商业空间设计的空间划分、功能布局、选材用料,以及声、光、电、热等物理环境的科学性与合理性(图1-15、图1-16)。

图1-13　商场室内中庭景观

图1-13：商场的室内中庭是整个空间中最重要的脸面形象,也是创造别致商业气氛的重要场所,不同经营类型和风格定位在空间气氛和意境塑造上也会有很大的差异性。

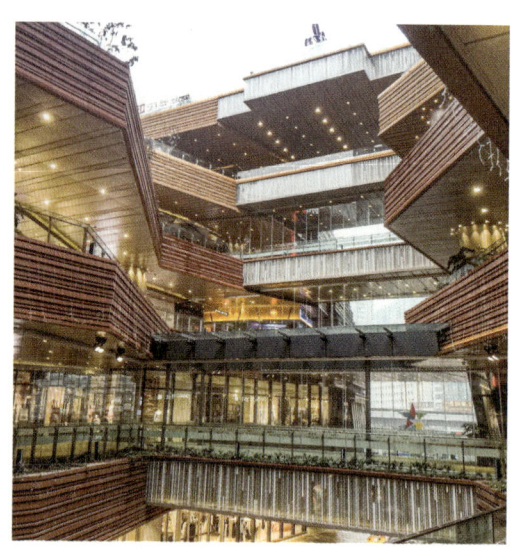

图1-14　商场室外中庭景观

图1-14：商场室外中庭景观作为人们进入商场时首先会注意到的景观,需要注重空间艺术的塑造。

图1-15　高科技灯光控制表现

图1-15：商场空间运用灯光变化和特殊照射,使异形构筑物形成独特的室内空间,通过展示高科技元素,增强空间内环境的现代感和科技感。

图1-16　商业空间的声、光、影应用

图1-16：运用声、光、影等将空间进行自然划分,打破以往使用墙进行隔断的方式,展示出商业空间的科技性。

1.3 商业空间设计发展趋势

商业空间设计紧随社会和科技的发展而变化延伸，时代性、创新性、前瞻性等成为时代赋予的使命，同时，人们对生活环境、工作环境、商业环境等空间的设计提出了更高的要求，呈现出以下几种主要发展趋势。

1.3.1 以人为本

20世纪60年代以后，人们的价值观从"物为本原"转变为"人为本原"。

在商业空间设计中，首先要考虑人的感受，即人在特定空间中的实际需求和心理感受，做到以人为本；其次，考虑如何运用物质改善物理空间环境，并以此满足人们的生理和心理需求。

1. 对空间做最有效的利用

商业空间环境的设计不仅仅是对建筑的美化，更多是对商业空间的功能做最有效的利用，使布局更加合理，以满足人们的生活需要。在满足功能需求的前提下，尽可能创造舒适、优美的环境。

2. 注重人的心理需求

商业空间活动是以商业空间的传达和沟通为主要机能的交流活动，其功效的生成与人的心理要素紧密相关。商业空间中不同的色彩、尺度、材质、造型等因素给人的心理传达是不同的。在设计前，要对消费者的构成成分、心理状态等进行调查研究。

人的心理需求影响着空间环境的设计，设计师要运用各种理论，设计出符合消费者心理需求的环境，让消费者在舒适的氛围里享受良好的消费体验，从而达到提升购买率的目的。

1.3.2 可持续发展理念

保护人类赖以生存的自然环境，维持生态平衡，合理开发、利用、使用能源，是世界性的话题，是全球关注的焦点。人类离开赖以生存的环境，一切也都将不复存在。人们已经认识到生态平衡的重要性，所以在商业空间设计中，日益重视可持续发展理念，保护原生态的空间环境，包括绿色建材的选用和自然能源的合理利用（图1-17）。

图1-17 原生态温室餐厅

图1-17：在温室餐厅设计中，提倡重装饰轻装修，对天然采光和通风加以充分利用，营造出环保、健康、安全的空间环境。

1.3.3 高新技术的应用

建筑大师密斯·凡·德·罗曾说过："当技术实现了它的真正使命，它就升华为艺术。"在发展中意识到社会的发展方向，并进行顺应历史潮流的探索，密切关注技术的发展动态，大胆尝试将最新的技术和材料结合运用到自己的设计中去，永远是设计师应有的职责。

随着现代工业技术的不断进步，建筑业中出现崇尚高科技的流派——"高技派"，或称为"重技派"。高技派把当代工业技术成就应用在建筑形体和室内环境设计中，宣扬机器美学和新技术的美感，其主要表现在以下三个方面。

（1）提倡采用最新的材料。高强钢、硬铝合金、工程塑料、碳纤维等来制造体量轻、用料少、能够快速、灵活装配的建筑；强调系统设计和参数设计；主张采用与预制装配式施工技术匹配的标准构件。

（2）认为功能可变，结构不变。表现技术的合理性和空间的灵活性，既能适应多功能需求又能达到机器美学效果。这类建筑的代表作如巴黎蓬皮杜国家艺术与文化中心（图1-18）。

图1-18 蓬皮杜国家艺术与文化中心

图1-18：这是"高技派"代表人物伦佐·皮亚诺在1977年设计的建筑物，当时震惊了整个建筑界。他将所有的柱子、管道等设计在室外，将楼梯通道设计得五彩缤纷，一反传统的建筑艺术，成了巴黎公认的标志性建筑。

（3）强调新时代的审美观应该考虑技术的决定因素。力求使高度工业技术接近人们习惯的生活方式和传统的美学观，使人们容易接受，并产生愉悦感。

开放与交流带来了世界经济的一体化，也带来了更多建筑新技术的应用，以及新设计的发展。这些以新材料、新思想、新设计为主的建筑已席卷全球，美学、环保、智能逐渐成为现代建筑师的主要追求。

1.3.4 服务性与体验感

在发达的互联网时代，高效的线上购物对传统线下实体商业造成巨大冲击，迫使线下实体商业转型升级。新的线下实体商业空间应注重消费者的购物体验感和服务性，让消费者获得线上购物体验不到的沉浸感，如网红打卡书店（图1-19），可以喝咖啡的户外用品商店等。

图1-19 书店空间的多元化混搭，成为网红打卡地

图1-19：书店一般是供大家买书的空间，Page One 前门书店通过多元化混搭将空间的功能进行拓展，既可以看书、休息，还可以喝咖啡、吃饭，提高了空间的使用率，也使消费者停留的时间更长，从而促进消费。

1.3.5 地域性特征

在文化多元化的今天，世界民族的多元性造就文化的不同，决定着民族间语言、行为、思想、信仰、设计的不同。在进行商业空间设计时，应充分体现地域性特征（图1-20）。

图1-20：唐山宴用新观念、新意识、新材料、新工艺表现新中式餐饮空间，创造出既具有时代感又具有民族风格、地方特色的空间环境。

图1-20　空间设计的地域性特征

- 补充要点 -

民族与世界的关系

当我们强调"只有民族的才是世界的"时，也应同样强调，"只有世界的才是民族的"。从古至今，任何先进民族的发展，都离不开同世界的交流。只有不断汲取与再创新世界优秀文化，才是发展本民族文化的不尽源泉。

1.4　商业空间设计学习方法

商业空间是相对较大、较广的一门综合性学科。随着社会的不断发展和进步，商业空间也经历着划时代的变革，主要体现在空间形式的多样化，装饰风格的多样化，设计过程的系统化、复杂化、专业化、设计范围的扩大化。

商业空间设计师需要在充分了解建筑所处的地域、自然、人文环境的基础上大胆创新，使原有的地方色彩带有明显的时代特征，在创作中彰显个人的艺术风格。

商业空间设计需要学习以下内容。

1.4.1　美术

美术是设计的基础。包括色彩构成、平面构成（图1-21）、空间构成等。美术能力好的设计师，个人发展更长远。现在的投资者都会考验设计师的色彩搭配能力。

图1-21　综合设计构成练习

图1-21：点、线、面，通常称为"视觉三要素"，在设计中起到了重要作用，平面、空间设计都与三要素紧密相连。

1.4.2 工具软件的学习

设计师的工具软件和厨师手里菜刀的作用一样，需要系统学习才能完善商业空间设计。在商业空间设计中需要学习的软件主要包括3ds Max、Photoshop、AutoCAD等（图1-22～图1-24）。

1. 3ds Max效果图

3ds Max主要用于制作商业空间三维模型，并赋予灯光、材质的渲染效果。

2. Photoshop后期处理

Photoshop主要用于商业空间效果图后期处理、灯光处理、人物添加等方面，可以丰富效果图的光影关系、对比度与色彩效果。

3. AutoCAD制图

AutoCAD主要用来制作商业空间平面图、制图标准、节点大样图和展具的设计等。

1.4.3 专业理论

专业理论是学习商业空间设计的核心内容。专业理论包括：室内设计、建筑学、环境工程学、素描、专业色彩、平面构成、立体构成、空间构成、摄影、制图与透视、人体工程学、照明设计、空间设计等，这些是设计师必备的知识。

图1-22 3ds Max商业空间效果图

图1-22：3ds Max是空间设计中常用的软件，主要用于渲染效果图。商业空间在效果图渲染过程中需注意其家具的比例关系以及灯光布置，保证画面真实、协调。

图1-23 Photoshop调整效果图

图1-23：Photoshop后期处理主要针对对比度、饱和度等细节的调整。在商业空间设计中，Photoshop根据效果图的情况对其进行进一步美化，从而达到甲方的要求。

图1-24：AutoCAD是设计领域的基础软件，设计师沟通好草图方案后，就会对平面图进行AutoCAD深入绘制，让平面图更加标准、科学。在平面图设计中要保证空间大小、功能满足商业空间的基本需求，避免造成空间上的浪费。

图1-24 AutoCAD绘制的平面图

本章小结

商业空间与其他室内空间不同，商业空间是活动空间中最多元的空间之一。随着经济、科技的发展，如今的商业空间呈现出多样化、科技化和人性化等特征，设计师在进行商业空间设计时，不仅要有较强的专业能力，而且要有与时俱进的审美能力和设计能力。

课后练习

1. 如何理解商业空间设计？
2. 商业空间设计有哪些特点？
3. 商业空间设计中的可持续发展理念可以从哪些方面体现？
4. 学习商业空间有哪些方法？其中你认为最重要的是什么？
5. 谈谈对商业空间的理解，举出生活中商业空间设计实例，并收集相关图片进行分析。
6. 关于如何学好商业空间设计课程，你有哪些看法？作业数量：将收集的资料汇总到PPT中，上课进行展示分享。建议完成课时：4课时。
7. 请查阅体现中国古代商贸的画作，并作分析。
8. 请实地考察当地商业空间是否有运用中国传统文化元素，并拍照说明。

第2章
设计要求与程序

识读难度：★★★☆☆
重点概念：设计要求、设计阶段、素质

章节导读

商业空间设计的最终目的是吸引消费者，汇聚人气，提升消费率，提高商业交易额，满足投资者的盈利需求。设计过程应具有强烈的逻辑关系，将逻辑思维巩固至设计的每一步，同时，设计要兼具感性认识，综合完成整体设计（图2-1）。

图2-1：服装店装饰设计造型灵活多变，是商业空间外部特征的典型代表，搭配丰富的灯光吸引消费者步入商业空间内。

图2-1 lululemon生活方式服装店

2.1 商业空间设计要求

现代商业空间设计需要根据购物环境、消费需求的变化而不断发展。设、景观绿化等方面，以满足消费者的审美需求，并与空间使用功能相协调。

2.1.1 注重功能性

在商业空间设计中，要注重装饰装修、家具陈

2.1.2 注重经济性

商业空间设计应使用最低的能耗达到最佳效

果。尽量利用气候和通风条件，减少空调能耗，降低照明能耗。家具构造要考虑耐用性和可靠性，降低维护成本等（图2-2）。此外，采用民俗传统风格设计，能最大程度在当地选材装修，提倡因地制宜的设计理念，降低设计施工成本（图2-3）。

2.1.3 注重美观性

商业空间设计要突出空间特点，强调社会文化层面的责任，从社会文化中折射出美的视觉元素，再注入商业空间中（图2-4）。

2.1.4 注重个性

现代商业空间设计主要目的是增强商业营销环境氛围，迎合消费者的心理需求，创造出巨大的精神价值。例如，将商业空间赋予异域文化理念，吸引更多慕名而来的消费者（图2-5、图2-6）。

图2-2 繁华的商业园

图2-2：在商业园建筑中运用绿植进行搭配，有利于添加商场的绿色生机，开放式顶棚与共享空间为绿化种植创造了便利条件，同时也为保护环境做了一份贡献。

图2-3 传统风格的餐厅设计

图2-3：餐厅设计中运用当地的木材进行家具设计，既节约了材料的运输成本，也体现了当地的区域特点。

图2-4 商业空间的户外景观设计

图2-4：商业空间户外增加部分景观设计内容，能进一步提升商业空间的观赏价值和人气，同时也是公益性空间设计的延伸，从纯粹的商业运营转变为公益事业，促使社会非消费人群参与互动。

图2-5 具有热带风情的商业空间

图2-5：在商业空间的设计上加入异域风格，吸引消费者购物的同时还能打卡拍照。

2.1.5 注重可持续性

可持续发展是当今商业空间设计的主题，在注重经济性设计的同时，也要关注可持续发展。例如，在设计中尽量使用天然材料，减少二次加工污染等，以期造福我们赖以生存的发展环境（图2-7、图2-8）。

图2-6 具有东南亚风情的餐厅外墙设计

图2-6：东南亚风情餐厅在亚洲各国都有市场，是当前个性化商业店面设计的主流，可以大胆在餐厅外墙上加入东南亚装饰风格的花纹。

图2-7 生态木塑制作的店面招牌

图2-7：木塑复合材料，采用塑料PVC（聚氯乙烯）与木质纤维粉末融合制成，具有突出的环保性能，可以循环利用，几乎不含对人体有害的物质。

图2-8：菠萝格防腐木是常见的天然防腐木材，具有很好的防腐蚀性，是中高端餐饮商业空间外墙装饰的首选材料。

图2-8 菠萝格防腐木制作的店面外墙装饰

2.2 商业空间设计阶段

商业空间设计包括设计前期阶段、方案设计阶段、施工图设计阶段三个阶段。

2.2.1 设计前期阶段

在设计前期，最重要的工作是调研现有商业空间的设计风格、空间布局、经营状况等信息，提取可借鉴的优势点。通过了解市场需求、消费心态等内容，把握设计主旨。仔细研究收集到的资料与法律法规等，避免与国家规范发生冲突。

2.2.2 方案设计阶段

设计前期对项目深入研究后，就可以开始创作设计了。

1. 草图设计

草图设计是初步表现设计构思的主要方式。设计师根据前期掌握的各种资料，结合专业知识与设计经验，对空间组织进行构思，通过草图来表现设计对象（图2-9）。

2. 方案设计

方案设计是细化草图阶段，要对设计草图进行深入开发。

（1）意向图。是指采用参考图片，作为前期方案表述媒介与设计成果，与投资者进行沟通，给投资者以直观的认识，便于设计师与投资者达成一致（图2-10）。

（2）设计模型。是根据设计空间结构，按照比例制成的微缩样品，通过

图2-9 书店草图绘制

图2-9：设计师根据现场以及投资者对书店空间风格的要求，在原始空间中进行设计构图。通过草图来表现整体空间造型、色彩主调，并与投资者进行及时沟通。

图2-10 商店门前景观设计意向图

图2-10：方案设计是创意思维的具象表现，多以平面布置图为主，在强化设计意向的同时，需要增加局部实景图来辅助说明。商店门前绿化植被品种不宜过多，避免出现高大的乔木遮挡店面招牌，绿化种植区域应预留较宽阔的步行通道，使消费者能够快速聚集、流动。

模型来分析设计对象的合理性（图2-11）。

（3）设计方案。主要包括设计说明、目录、平面布置图、主要立面图、透视效果图、造价概算等。方案设计效果图是表达商业空间的初步设计，不能完全作为施工的依据（图2-12）。

2.2.3　施工图设计阶段

施工图设计是设计工作的标准、规范阶段。施工图是设计阶段的技术图纸，主要为设计绘制构造详图。构造详图是将平面图、立面图或剖面图中重要局部放大，主要用来表达构造中无法表现的细节部分，一般用较大的比例尺寸绘制。这里列举一套比较完整的KTV商业空间设计施工图供参考学习（图2-13～图2-21）。

图2-11：设计师必须具备制作模型的知识和技巧，以便自己动手或指导制作模型，并在制作过程中及时发现问题，通过修改获得满意的设计效果。模型在制作过程中需要保证比例尺的统一，可等比缩小进行模型定制，体现商店设计模型的真实性。

图2-11　商店设计模型

图2-12：方案设计效果图可以帮助甲方更好地了解设计师的设计思路和设计效果。在效果图中需体现完整的空间布局，调整材质数据从而达到真实效果，并注重灯光布置，增强空间的层次感。

图2-12　方案设计效果图

第 2 章
设计要求与程序

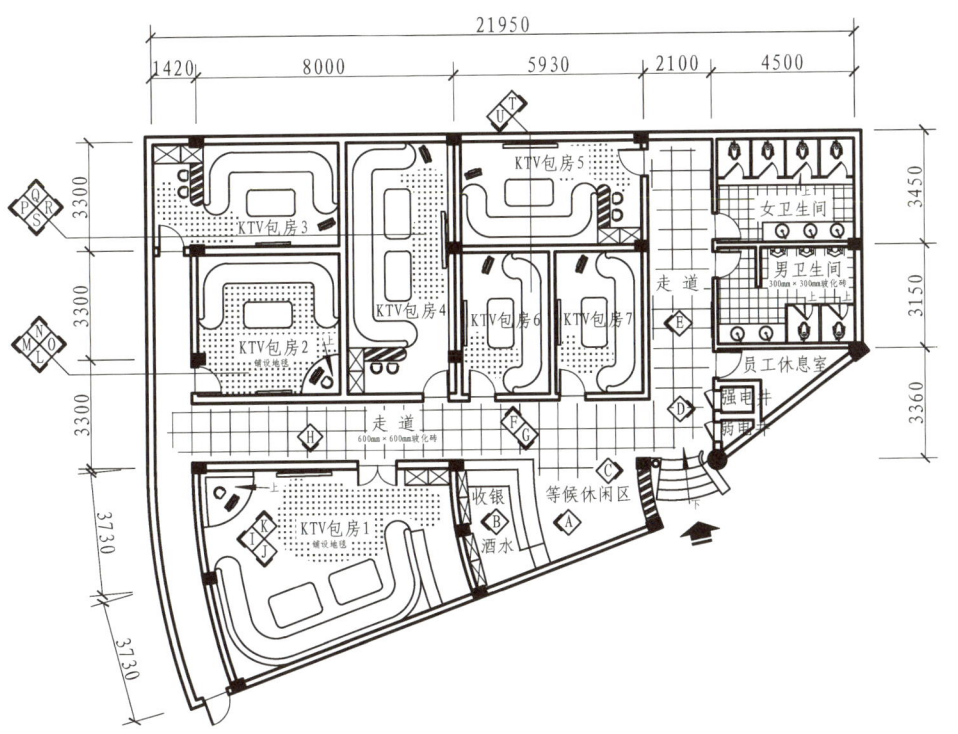

图2-13：商业空间平面设计应当紧凑，在有限的总空间中分布更多的区域营业空间。平面布置图作为CAD中最为重要的板块，方便施工方和甲方更快地了解场地布置。

图2-13 KTV平面布置图

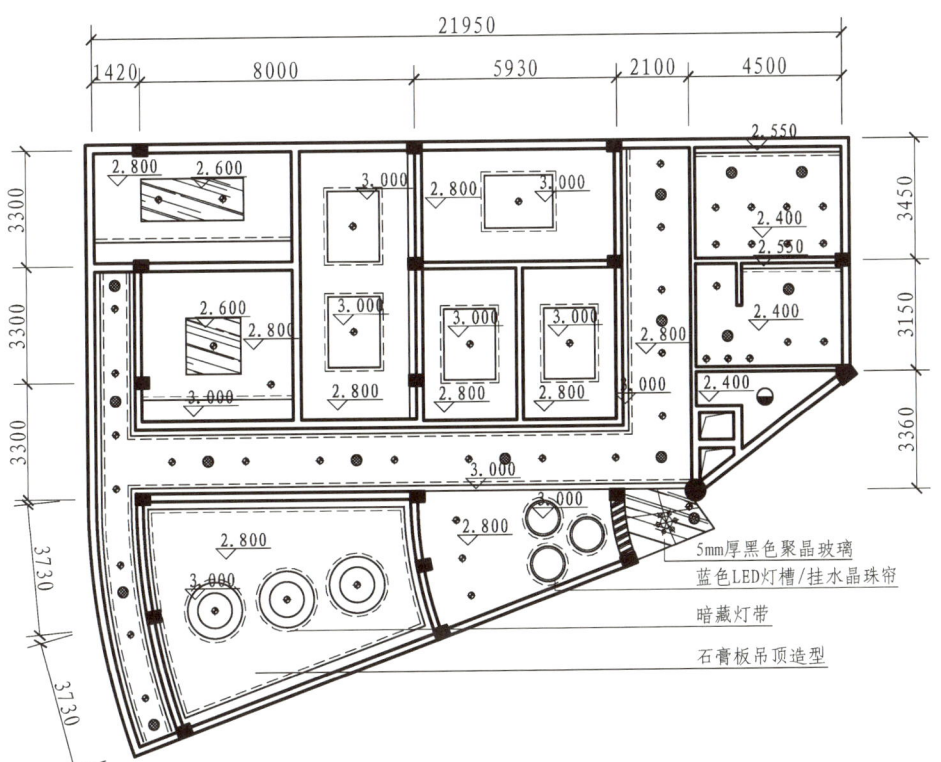

图2-14：顶面布置图包含顶面的吊顶设计、灯具设计，主体灯具要满足照明需求，灯具分布均衡，避免电能消耗。

图2-14 KTV顶面布置图

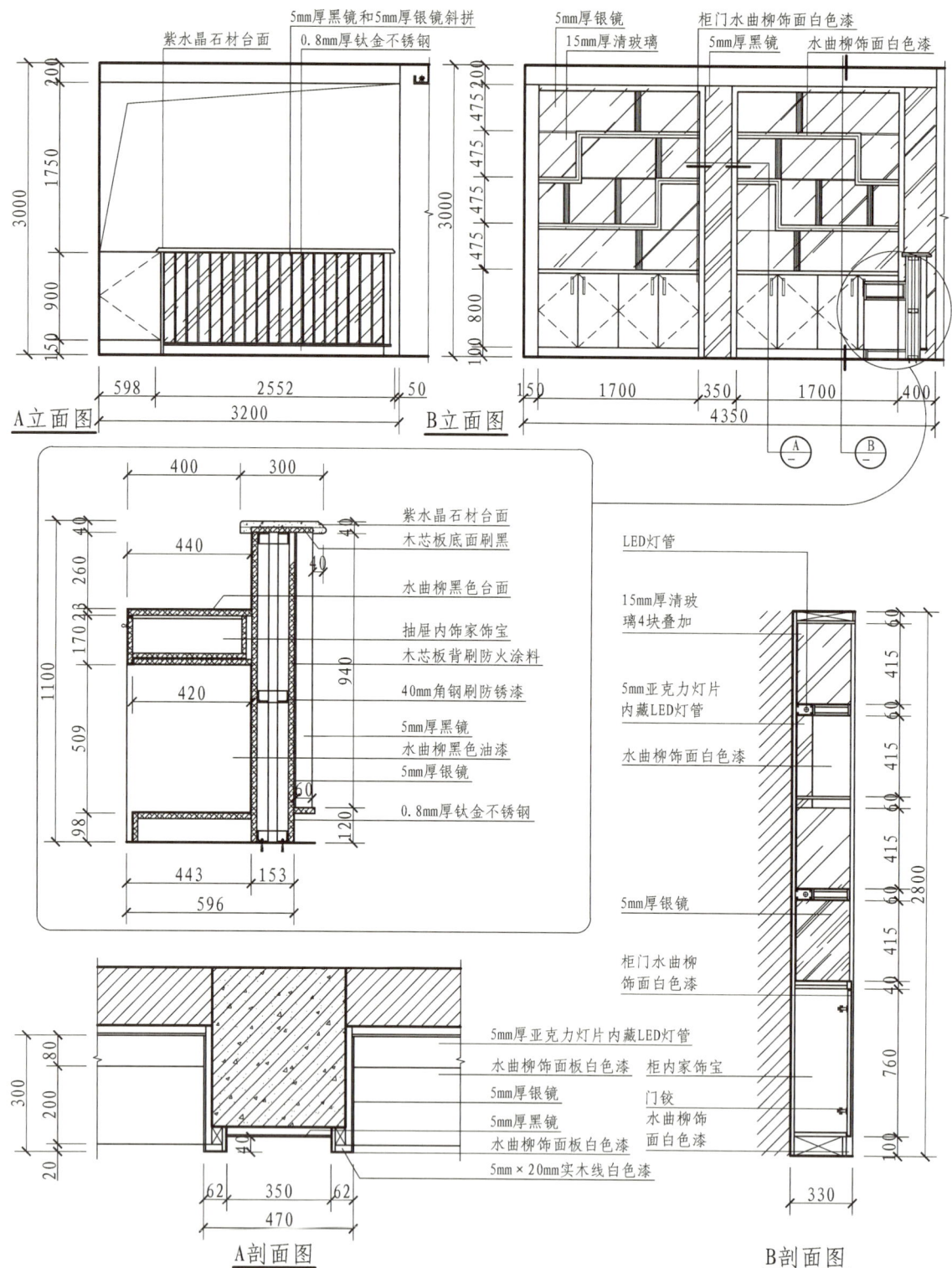

图2-15 KTV空间设计A、B立面图与剖面图

图2-15：KTV空间设计中的A、B立面图对应的是KTV中前台收银区域，作为KTV的入口，在设计上需要吸引消费者的注意力。柜体采用的是九宫格造型，增加了包房的复古氛围，并且九宫格柜体增加了室内的收纳空间。

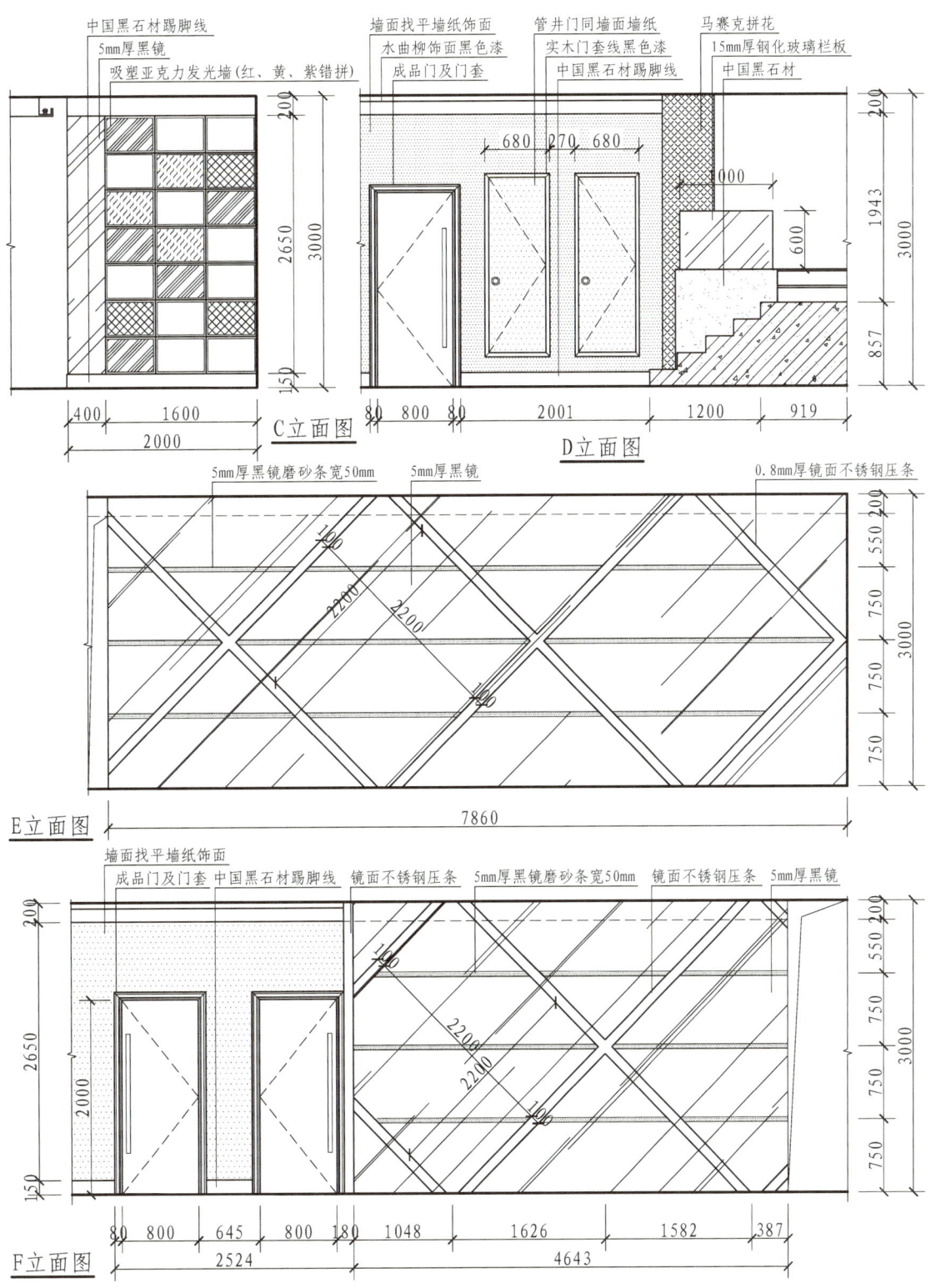

图2-16 KTV空间设计C、D、E、F立面图

图2-16：KTV空间设计中的C、D、E、F立面图对应的是等候休闲区的走廊部分，这是消费者进入每个包间的必经之处。走廊墙面采用玻璃镜面与灯带搭配，形成高强度反射效果，增强了走廊的空间开阔感。

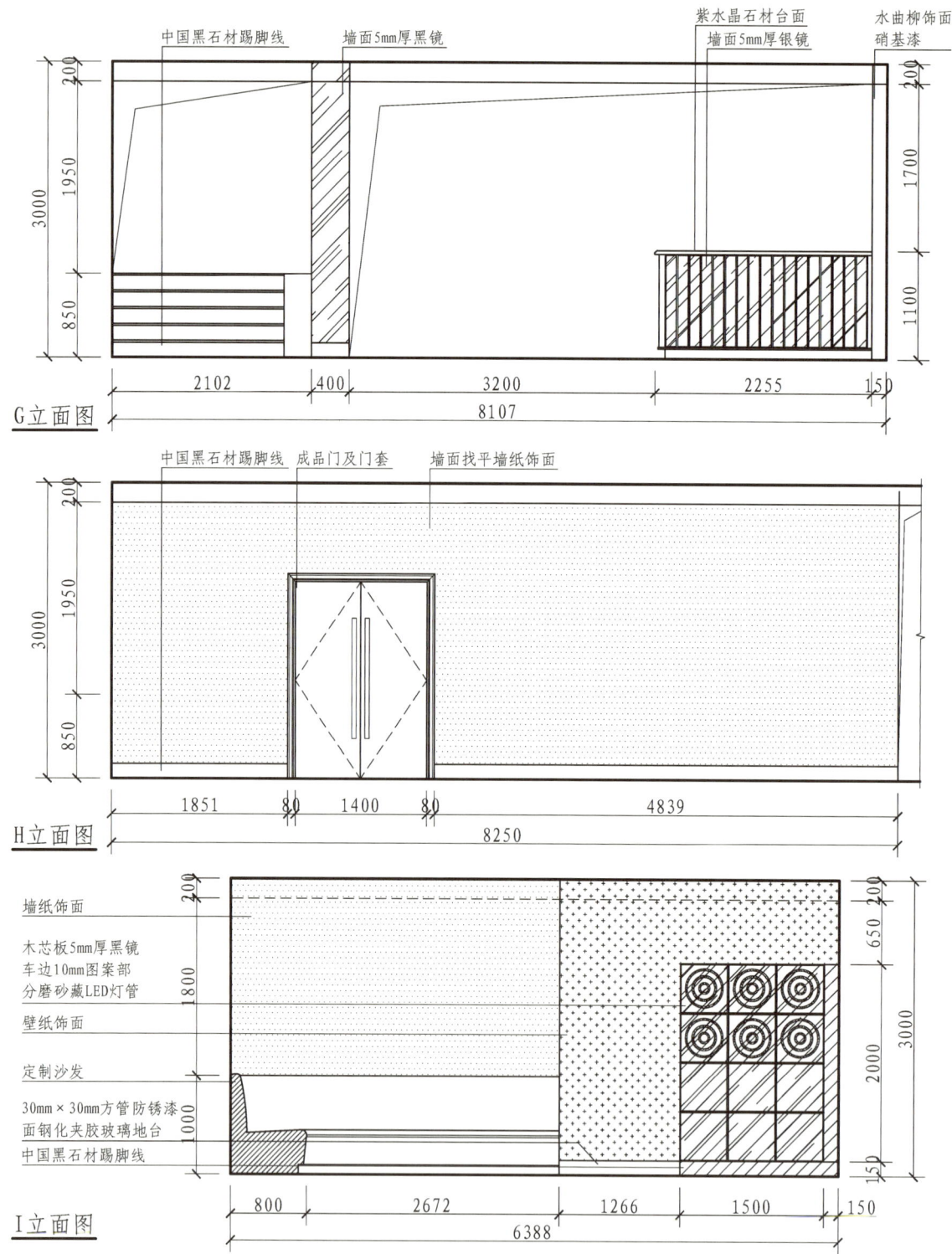

图2-17 KTV空间设计中G、H、I立面图

图2-17：KTV空间设计中G、H、I是KTV靠近内部包间走道以及包房1其中一面墙的立面图展示，墙面在局部区域使用灯带来进行墙面装饰，运用螺旋状LED灯管作为墙面造型，既为空间提供了照明功能，也增加空间的氛围感。

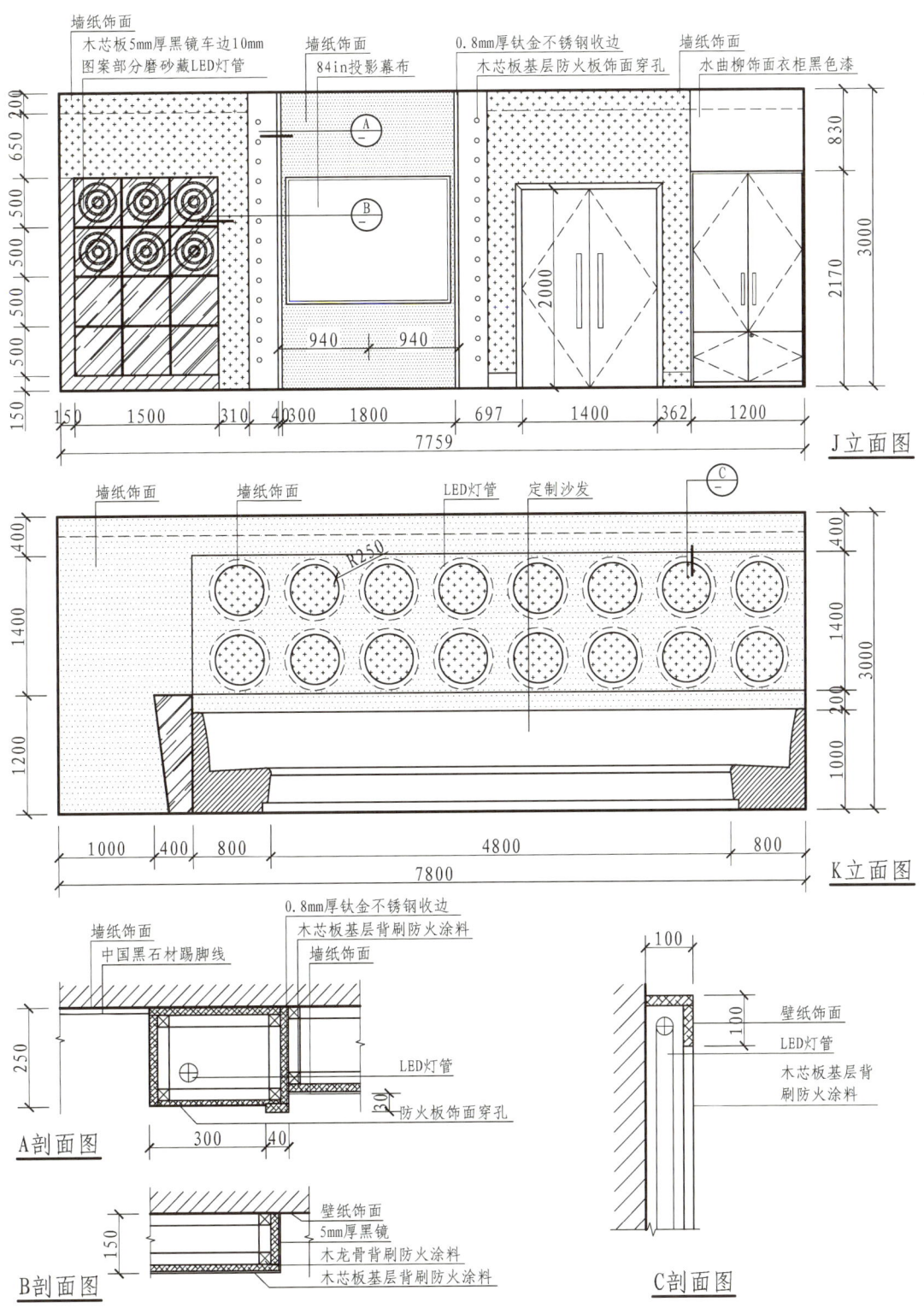

图2-18 KTV空间设计中J、K立面图与剖面图

图2-18：KTV空间设计中J、K是对包间1内部墙面的细节补充，墙面装饰造型丰富，运用几何形中的通识图形，如圆形、矩形进行搭配，形成审美性较好的背景墙造型。

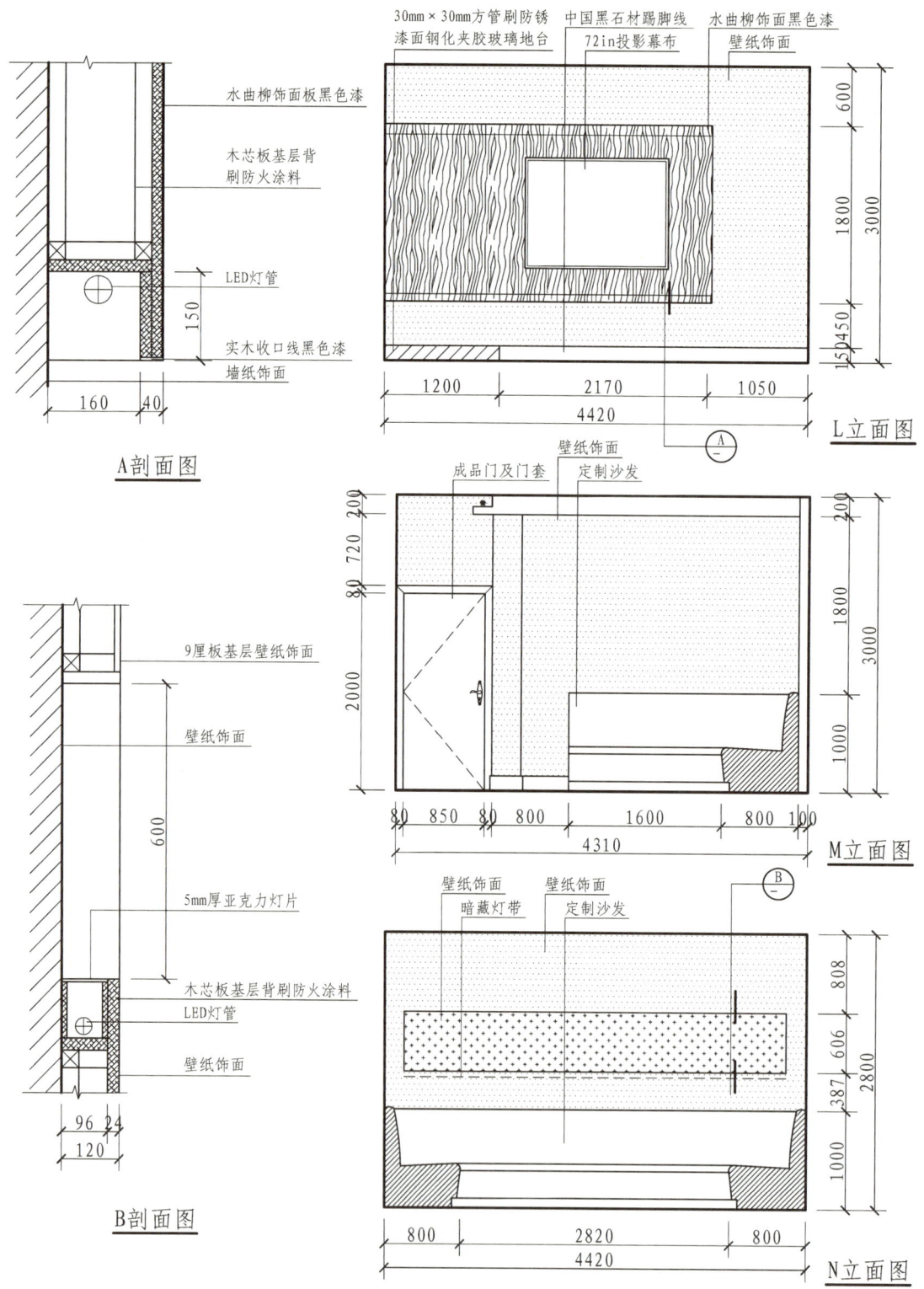

图2-19 KTV空间设计L、M、N立面图与剖面图

图2-19：KTV空间设计L、M、N是对包房2立面图的展示，墙面上使用墙纸进行背景装饰，选择两种墙纸来装饰沙发背景墙，并添加隐藏灯带烘托包房气氛。

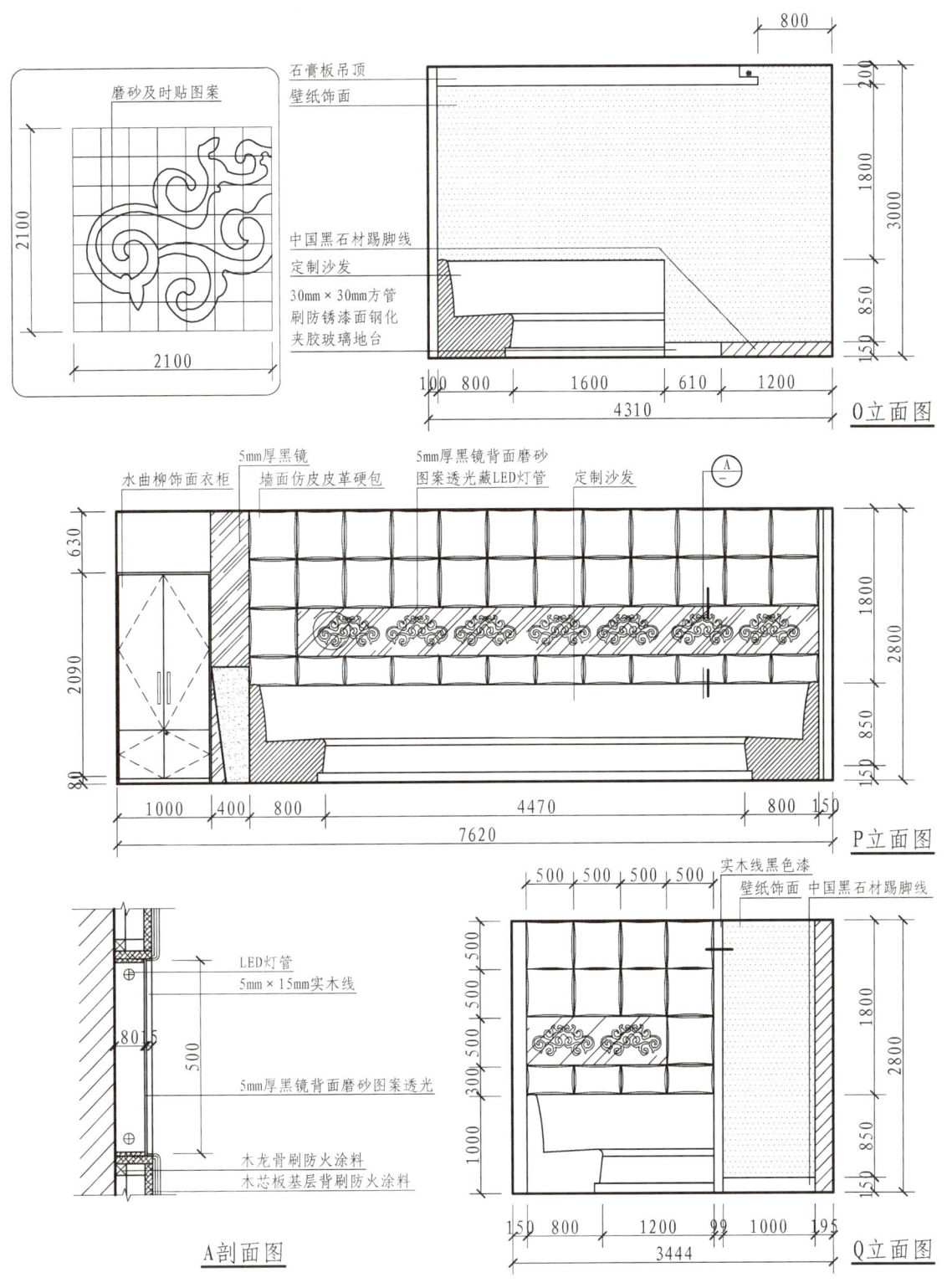

图2-20 KTV空间设计O、P、Q立面图与剖面图

图2-20：将整个KTV空间设计统一的祥云装饰图样，加工雕刻为磨砂即时贴，作为墙面玻璃装饰面的细部造型，充分展示室内装饰风格。

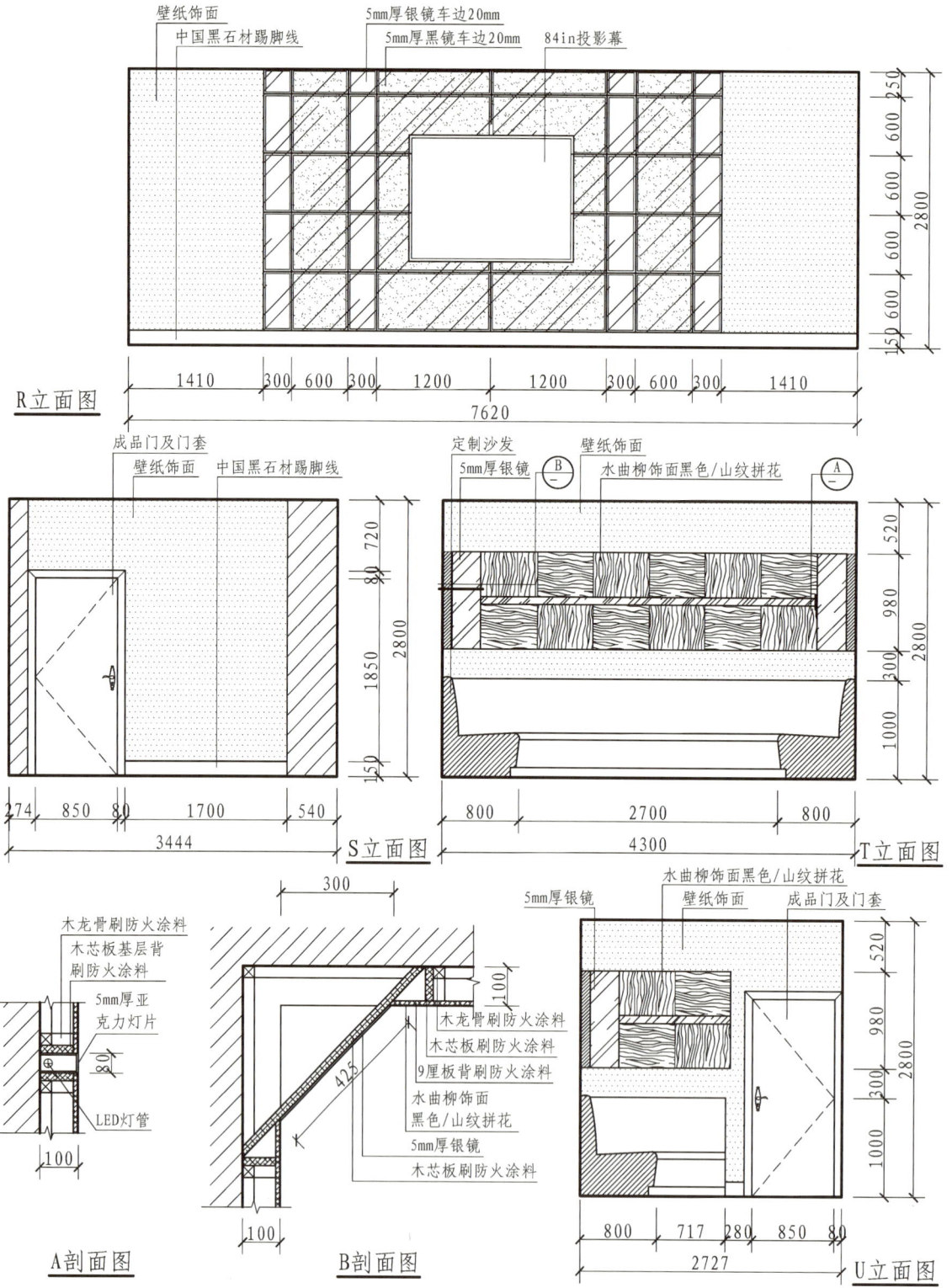

图2-21 KTV空间设计R、S、T、U立面图与剖面图

图2-21：将纹理丰富的水曲柳饰面板材进行多向拼接，形成丰富的机理背景纹样，给包间带来复古装饰特征，力求每间包间的设计风格均不相同。

2.3 设计师素质培养

1. 设计能力

商业空间设计是一种独立且纯粹的空间艺术，在学习与工作中要多观察、多思考，培养全面的三维思考能力。要熟练掌握空间造型方法、色彩搭配、计算机软件应用、徒手透视表现等技法。要求能将头脑中的创意思维准确、熟练地表现出来，要对尺寸数据、装饰材料有深刻的理解（图2-22、图2-23）。

2. 创新能力

设计的主旨是创新，不断创新才能有好的设计。相同的空间和投资可以得到不同的设计效果，创作完美的艺术空间对于设计师而言，永远都是挑战。

3. 协调能力

设计师需要积极协调各专业人员完成设计，包括投资方与施工方。为了达到理想的设计效果，设计师必须全面、准确地掌握设计施工进度，并检验是否达到最初的设计效果。

4. 沟通能力

设计师在展示设计方案时，要积极听取他人的意见，善于同他人合作，要有良好的团队意识。

5. 指导能力

商业空间实施要按图纸施工，现场交底、设计变更是经常遇到的情况，设计师要协调、指导现场施工，要有快速发现和判断问题的能力并及时解决。

此外，设计师还要有敏锐的观察力，对时尚动态和发展趋势都要有灵敏的嗅觉。设计是综合的艺术，设计师要对文学、戏剧、电影、音乐等艺术门类具有较深的理解和鉴赏水平，才能在空间文化内涵、艺术手法、空间造型等方面进行深入设计。

图2-22 商店空间线稿绘制

图2-22：无论是在绘画中还是在设计中，线条都是基本的构成要素。而线稿的表达可以更直观地让消费者看到设计造型效果，这就要求设计师能在短期内徒手表现设计空间的造型，将创意设计转化为简要图稿。

图2-23 商业空间着色表现

图2-23：着色的目的是营造设计空间的氛围感，是在线稿的基础上，对线稿画面进行进一步的烘托，也能体现设计师的色调把握能力。

补充要点

商业空间设计师的分析能力

投资者让设计师做设计方案,是为了盈利。投资者希望通过优秀的方案来增强竞争力、吸引消费者,获得更多利润。为达到这个目的,设计师在设计方案前,必须针对投资者所在行业做出精准的分析,这就要求设计师具备良好的分析能力。只有这样设计师才能对业主的核心竞争力与盈利点做出分析与策划,并以此为基础做出优秀的设计方案。

例如,酒吧投资者的核心竞争力是歌手优秀的驻场效果,那么在空间设计上就需要体现浓浓的音乐氛围,声、光、色都应该面面俱到,更需要对驻唱歌手进行包装、宣传,并在装修上体现驻唱歌手的风格。再如,咖啡店,如果咖啡是现磨,那么投资者必然想把咖啡磨制过程在消费者面前展现出来,设计师就应当将咖啡的冲调操作台面向消费者,而不是设计在吧台背面。

本章小结

商业空间设计相较于其他室内空间设计而言,风格多样、操作空间大,因此设计师在设计中不仅要将投资者的需求放在首位,还需要充分考虑消费者的消费感受,从而打造出具有独特设计感的商业空间。在设计过程中,设计师需要有较强的专业能力、手绘能力以及语言能力,能将设计理念完整地展示在投资者面前,促进整体设计的完成。

课后练习

1. 商业空间设计应该注重哪些要求?
2. 商业空间设计包含哪几个阶段?每个阶段又包括哪些环节?
3. 商业空间施工图主要包含哪几个板块?分别是什么?
4. 除了本书中所涉及的内容外,请谈谈你认为设计师还应具备哪些素质要求?
5. 为了成为一名优秀的商业空间设计师,你认为需要做哪些努力?
6. 选择一个商业空间进行线稿空间练习,需要体现其空间关系和设计感。作业数量:1份。将线稿图绘画在A3纸面上,之后进行分享点评。建议完成课时:6课时。
7. 《人民日报》曾指出:"创新是一个民族进步的灵魂,是一个国家兴旺发达的不竭动力,也是中华民族最深沉的民族禀赋。"在商业空间设计中,空间的创新性设计对于设计师而言是至关重要的。请查阅相关网站、图书,收集近几年国内外优秀的创新性商业空间案例。
8. 习近平总书记提到:"绿水青山就是金山银山。"为响应习近平总书记的号召,如今商业空间中广泛运用可持续性材料。请实地考察当地材料市场,观察有哪些可持续性材料并思考这些材料可运用的场合。

第3章 人体工程学与导向系统

识读难度：★★☆☆☆
重点概念：人体工程学、导向系统、应用

章节导读

人体工程学是商业空间设计的依据，它研究人在商业空间中的解剖学、生理学和心理学等方面的因素，研究人和设备、环境的相互作用。在商业空间设计中，人体工程学要考虑消费者在商业空间中的行为，关注消费者的健康、安全、舒适度和消费效率等问题（图3-1）。

图3-1：商业空间的导向系统设计是由人体工程学引发出来的一项设计任务，目的在于促进消费。服装店在拐角处反复运用品牌标识，并在地面设计了不同材质的拼贴，潜移默化中展示该店品牌以及店铺。

图3-1 服装店品牌标识

3.1 商业空间设计与人体工程学

3.1.1 人体工程学

人体工程学是一门新兴的边缘学科，简称人机学。该学科在美国被称为"Human Engineering"；西欧国家多称其为"Ergonomics"；日本和俄罗斯都沿用西欧名称。20世纪80年代，我国将其称为

"人类工效学"或简称为"工效学",但在实际的研究或应用中,我国使用的名称并不一致。除了人类工效学之外,还将其称为"人类工程学""人的因素学""人机工学"等。本书根据大多数著作和研究确定了常用名称为"人体工程学"。

通过对人体工程学的研究,贯彻以人为本的设计理念,使物与人、物与环境及人与环境相互协调,以求得工作与生活的舒适、简便、安全、高效(图3-2、图3-3)。

图3-2 符合人体动作高度的商品陈列

图3-2:为了方便消费者拿取商品,商品陈列布置需要符合人体工程学的尺寸,选择适合的柜子或家具放置商品。

图3-3 不希望消费者碰到的商品陈列

图3-3:在商业空间中出现较为危险或装饰性物品时,可将其放置高处或人难以接触的地方,保证人的安全并让空间具有美观性。

3.1.2 商业空间人体工程学

1. 商业空间人体工程学含义

商业空间的人体工程学,主要研究商业空间中人体基本尺度、心理特征、行为特征对商业空间设计的要求(图3-4)。寻求人与商业环境之间的和谐,最终目的是安全、健康、科学、高效和舒适地取得空间的最佳使用效能。

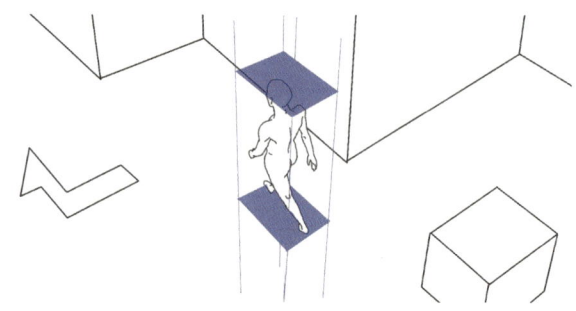

图3-4 空间高度对人体感受的影响

图3-4:在商业空间中,空间无论过高还是过低,人都会感到不适,因此在商业空间的高度设计上,要充分结合人体工程学设计出最适宜的高度。

2. 商业空间人体工程学的作用

商业空间中最基本的问题是尺度,它对进一步确定空间的造型尺度、操作者的作业空间、动作姿势等有着重要帮助。

人在不同的商业空间内进行各种类型的活动,所产生的活动范围大小,也就是动作范围,称为动作域,这是确定商业空间尺度的主要依据之一。在人体工程学设计中,一方面要满足肢体活动的尺度范围、人的动作特征、感知习惯,另一方面要对消费用具进行精细设计,让商业空间的用具适合使用功能与环境要求(图3-5)。

目前,以人为中心的设计理念日益成为各设计行业的工作指导方针,人体工程学这一学科在设计中的应用越来越广泛,其主要作用表现在下列四个方面：

（1）确定人在空间中活动范围的主要参数依据；

（2）确定空间环境及形态尺度的主要依据；

（3）提供空间物理环境适应人体的最佳参数；

（4）对商业空间环境设计提供最佳美学的科学依据。

3.1.3 人体工程学在不同商业空间中的应用

人体工程学在不同功能商业空间设计中需要推广应用。以下为主要商业空间中人体工程学的设计要点。

1. 餐饮空间

餐饮各功能空间设计应注意以下几点（图3-6）：

（1）餐桌的大小与进餐的人数；

（2）餐桌布局中主通道与支通道的尺度，符合客人进入餐厅时的方向，以便以最近路线抵达餐台；

（3）服务员端盘出口的通道尺寸与最佳路线；

（4）服务台、吧台客人坐姿、立姿与通道空间的尺度关系；

（5）吧台、服务台内工作人员的走动、存取

图3-5 商业空间中预留的最窄走道

图3-5：最窄走道在商业空间设计中需要满足一人通行的宽度，避免消费者无法通过的现象，从而造成空间上的浪费。

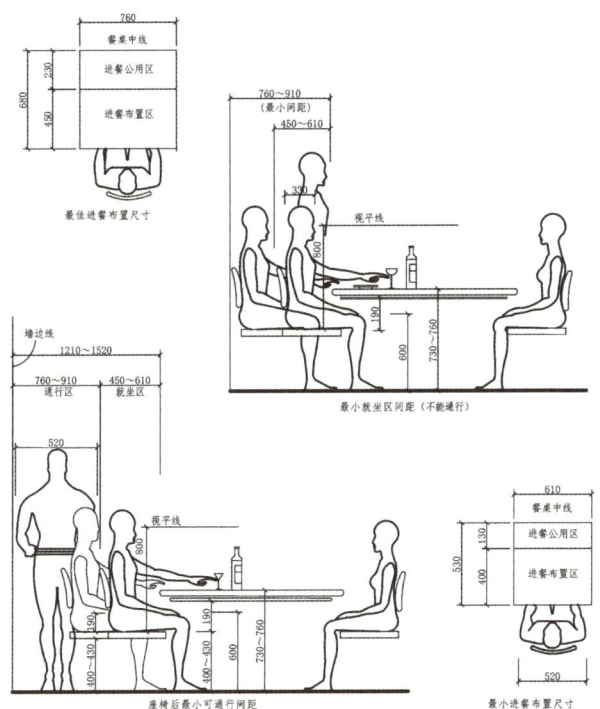

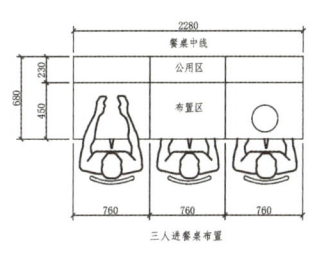

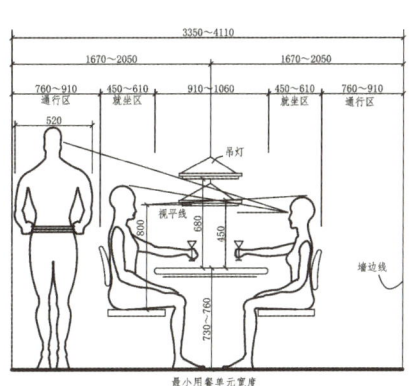

图3-6：餐饮空间内人体与家具之间的尺寸关系同时也适用于其他商业空间，在餐饮空间中需要注意餐桌的高度、宽度与餐椅的高度是否符合人体工程学的尺寸。

图3-6 餐饮空间设计尺度解析图

物品、记账等活动空间的尺度等。

2. 购物空间

商场购物空间有关功能尺度的设计（图3-7）应注意以下几点：

（1）陈列货架的高度与人的立姿视阈的关系；

（2）商场陈列柜架与通道空间的尺度关系；

（3）各类货品，如服装的销售柜架长、宽、高以及内部尺度；

（4）货柜下部存放空间与人动作的尺度关系等。

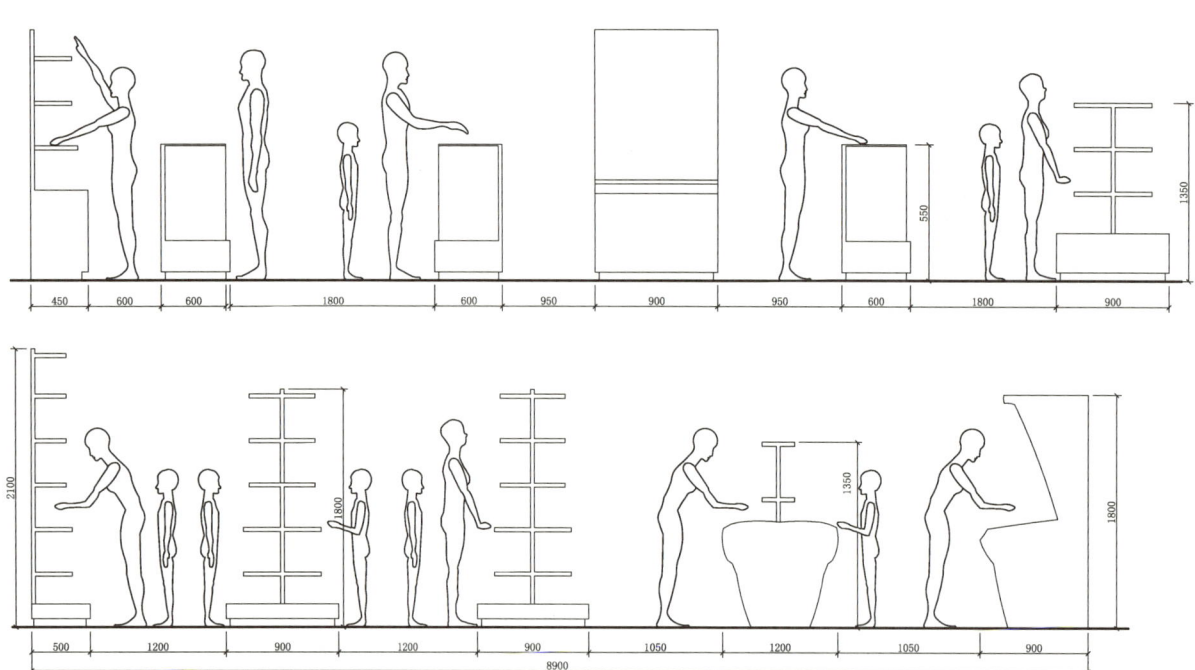

图3-7　商场购物空间设计尺度解析图

图3-7：商场购物空间尺寸对人的各种姿势要求很高，需要满足不同身高、体型的消费者在柜台中活动，在设计过程中要注意置物柜所处的位置与尺寸，不要影响消费者行走、挑选物品。

3.2　商业空间标识与导向系统设计

3.2.1　标识及导向系统的意义

商业空间要根据行业特色来确定视觉定位，以整体形象面向消费者，会涉及企业形象规范体系（Corporate Identity，CI）方面的内容。CI是企业形象一体化的设计系统，企业通过CI设计对其办公系统、生产系统、管理系统，以及经营、包装、广告等系统进行规范化设计和管理。

第3章
人体工程学与导向系统

CI系统由理念识别（Mind Identity，MI）、行为识别（Behavior Identity，BI）和视觉识别（Visual Identity，VI）三方面构成。

1. MI
理念识别，称为CI的"想法"，是战略决策面。

2. BI
行为识别，称为CI的"做法"，是战略执行面。

3. VI
视觉识别，称为CI的"看法"，是战略展开面。

在CI系统中，我们主要了解VI视觉识别系统，它在企业形象中的传播最为具体和直接，能将企业的基本精神、差异性充分表达出来，快速得到社会认可，对建立企业知名度与塑造企业形象有积极作用。其中标识及导向系统在商业空间识别、导向、指导、提示等方面发挥着重要作用，是商业空间持续、协调发展的有机组成部分（图3-8～图3-12）。

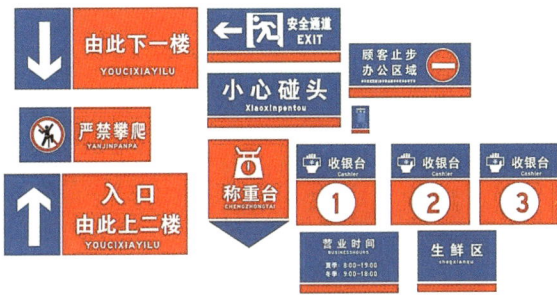

图3-8　VI基础部分导向标识设计

标识及导向系统具有重要作用：识别、导向、指引作用、提示和告知。在商业空间设计中，VI导向设计有利于引导消费者去相应的区域，促进人员流动。

图3-9　标识导向牌

图3-9：标识导向牌，起到导向、指引的重要作用，在大型商业空间中可以更好地引导消费者去相应的区域，不仅节约消费者寻找的时间，而且会给消费者带来更好的体验感。

图3-10　展示柜墙面主题标识

图3-10：展示柜一般放置在商业空间的入口区域，好的展示柜搭配主题标识可以吸引消费者进入。

图3-11　服务台墙面主题标识

图3-11：消费者进入店内一般就能看到服务台墙面，于无形中宣传品牌形象，让消费者在购物的同时也了解品牌。

图3-12：图形的特征语言，呈现出品牌的特征和含义。在商业空间中运用图形语言可以很好地表达品牌形象以及设定，让消费者可以更好地了解品牌。

图3-12　图形语言

- 补充要点 -

视觉识别系统

视觉识别系统即VI，全称 Visual Identity，是CI系统中最具传播力和感染力的部分。VI将CI的非可视内容转化为静态的视觉识别符号，以多样的应用形式，在最为广泛的层面上，进行最直接的传播。设计到位、实施科学的视觉识别系统，是传播企业经营理念、建立企业知名度、塑造企业形象的利器。在品牌营销的今天，没有VI对于一个现代企业来说，就意味着它的形象将淹没于商海之中，让人辨别不清；就意味着它是一个缺少灵魂的赚钱机器；就意味着它的产品与服务毫无个性，消费者对它毫无眷恋；就意味着团队的涣散和低落的士气。

VI一般包括基础部分和应用部分两大内容。其中，基础部分主要为企业的名称、标志、标识、标准字体、标准色、辅助图形、标准印刷字体、禁用规则等；应用部分主要为标牌旗帜、办公用品、公关用品、环境设计、办公服装、专用车辆等。

3.2.2　标识与导向系统应用形式

1. 标识的应用形式

企业标识设计不仅是图案设计，而且要创造出商业价值，兼有艺术欣赏价值。标识图案是形象化艺术概括，设计师应当用生动具体的形象去描述、表现标识图案，从而达到准确传递企业信息的目的（图3-13~图3-16）。

2. 导向系统的应用形式

导向系统结合环境与人之间的关系，体现出标识的个体造型。导向系统已被广泛应用于现代商业场所、公共设施、城市交通、社区等公共空间中。导向系统不再是孤立的单体设计，而是整合品牌形象、建筑景观、交通节点、信息功能的系统化设计（图3-17~图3-20）。

图3-13 背景墙面标识

图3-13：咖啡厅标识重复出现，以加深消费者对品牌的认知度，使品牌得以快速推广，背景墙面标识的应用是最广泛的应用形式，突出主体，醒目且直接。

图3-14 室内店面门头标识设计

图3-14：整体形象的传达使空间及品牌自身呈现统一的识别特征。将品牌标识、图形结合起来，增强消费者对品牌的印象。

图3-15 室外店面门头标识设计

图3-15：门头设计是整体设计中的重点，标识的应用以不同的表现手段加以诠释。在门头设计上运用两种背景材质为衬托，并在周围设置玻璃，进一步凸显品牌标识。

图3-16 灯箱标识设计

图3-16：灯箱也是商业空间中不可缺少的一部分，其形式设计尤为重要。灯箱一般出现在商业空间的公共区域，运用鲜艳的颜色搭配灯光，吸引消费者的目光，从而加深消费者对品牌的印象。

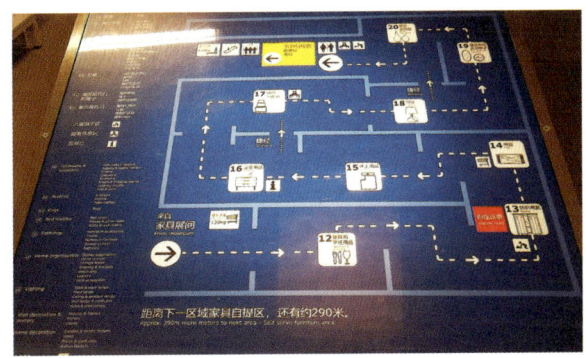

图3-17 指示标牌

图3-17：指示标牌不仅能起到指引、指示的作用，同时还传达着某种信息，使观者得以认知。商业空间的指示标牌帮助人们快速找到要去的地方，避免浪费时间。

图3-18 导视系统的信息界面

图3-18：导视系统的信息界面范围较广，不但起到指示、指引作用，同时还起到展示、告知的作用，一般设置在商业空间的楼梯处、入口处。

 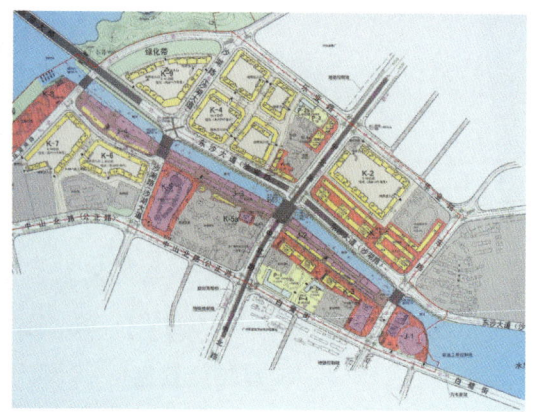

图3-19　直观指示牌　　　图3-20　彩色平面图

图3-19：直观指示牌以简单明了、大气的标识为主，一目了然，一般适用于大型商业空间的入口，方便人们寻找。

图3-20：具象且真实的彩色平面图是导视系统中运用最广泛的传达形式，彩色平面图使用不同饱和度的颜色划分区域，告知人们其所在的区域，并帮助他们更快地找到想去地方的具体位置。

3.3　人体工程学设计案例

以位于哥伦比亚的一家儿童阅读书店为例。该书店整个外立面采用钢架结构，镶嵌上600mm×400mm的玻璃，即使是在下雨天，整个书店也十分明亮。同时结合咖啡厅的设计，在富有童趣的装饰摆设下，营造出自由无拘束的阅读环境。

3.3.1　一层平面布置图

书店的一楼主要是休息区与阅读区。在平面布局上将设计的重心"图书展示"，运用周边式布局和中心布局的方式展现出来（图3-21）。

3.3.2　二层平面布置图

二楼平面布局图主要分为收银区、图书展示区、儿童阅读区以及咖啡座（图3-22）。

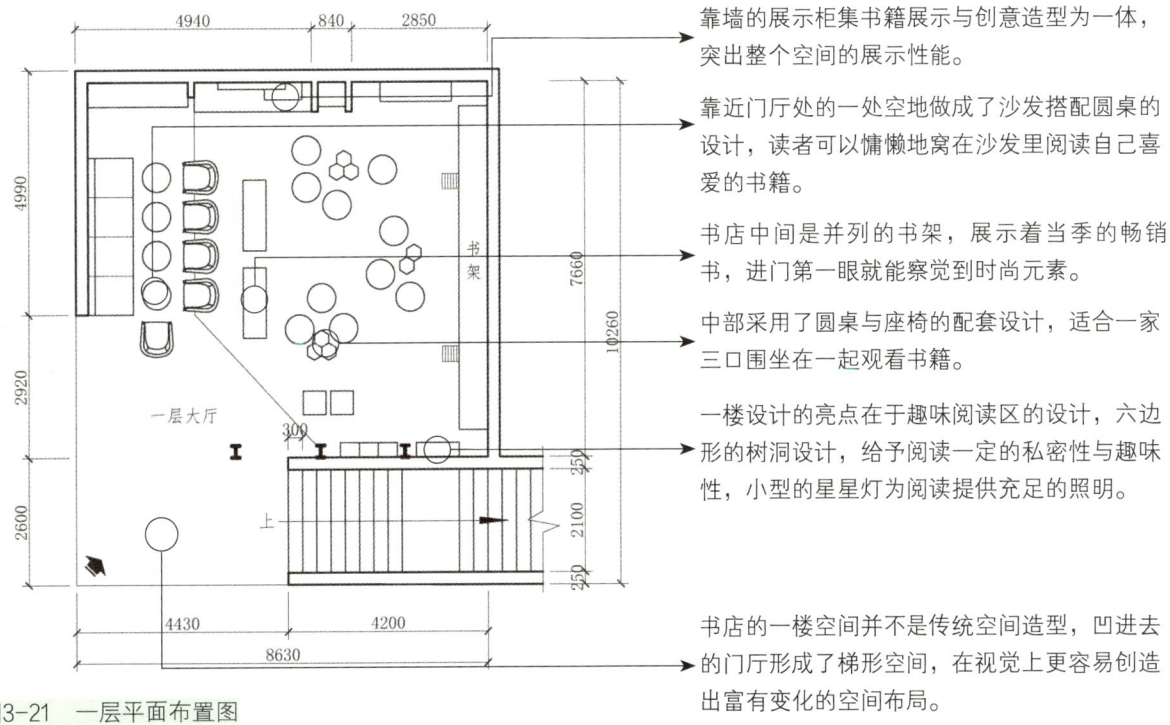

图3-21 一层平面布置图

图3-21：一楼满足人们购书、阅读的需求，方便人们更好地挑选自己需要的书籍。

靠墙的展示柜书籍展示与创意造型为一体，突出整个空间的展示性能。

靠近门厅处的一处空地做成了沙发搭配圆桌的设计，读者可以慵懒地窝在沙发里阅读自己喜爱的书籍。

书店中间是并列的书架，展示着当季的畅销书，进门第一眼就能察觉到时尚元素。

中部采用了圆桌与座椅的配套设计，适合一家三口围坐在一起观看书籍。

一楼设计的亮点在于趣味阅读区的设计，六边形的树洞设计，给予阅读一定的私密性与趣味性，小型的星星灯为阅读提供充足的照明。

书店的一楼空间并不是传统空间造型，凹进去的门厅形成了梯形空间，在视觉上更容易创造出富有变化的空间布局。

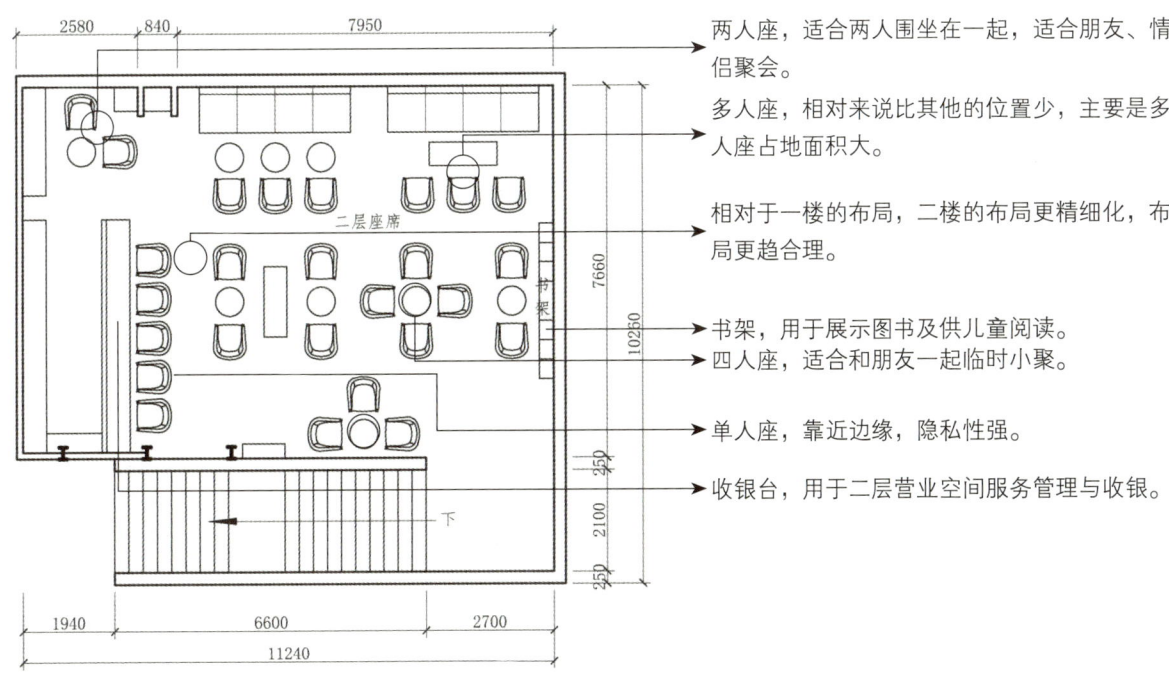

图3-22 二层平面布置图

图3-22：二楼主要满足人们阅读、休憩、聊天的需求，搭配咖啡厅，促进书店盈利。

两人座，适合两人围坐在一起，适合朋友、情侣聚会。

多人座，相对来说比其他的位置少，主要是多人座占地面积大。

相对于一楼的布局，二楼的布局更精细化，布局更趋合理。

书架，用于展示图书及供儿童阅读。

四人座，适合和朋友一起临时小聚。

单人座，靠近边缘，隐私性强。

收银台，用于二层营业空间服务管理与收银。

二楼的操作区完美地将咖啡厅与书店结合在一起，浓郁的咖啡香味与书卷的味道产生碰撞。书店咖啡馆里的许多物件都采用柔软材质，家具和饰物好像都在向人们证明："一本好书能够给人带来无比的愉悦"（图3-23～图3-26）。

精细化商业空间设计离不开尺寸规划，包括家具尺寸、人体尺寸、空间大小，以实木打造顶面、桌椅、墙壁等，同时搭配绿色植物。在这里陪孩子看书，喝咖啡，这样的亲子互动时间一定不会无聊（图3-27、图3-28）。

图3-23 操作区设计

图3-23：操作区在墙面设置高低不同的层板，用来展示店内的咖啡品种。用不同大小、颜色的吊灯来增强整个空间的趣味性。

图3-24 展示柜设计

图3-24：用开放式格子架展示书籍能够有效利用墙面空间，并且增加书店的收纳空间，只需做出简单的隔断，就能创造出不同的效果。

图3-25 书架设计

图3-25：靠近外侧低矮的书架，放置儿童书籍。书架的高度以儿童身高作为参考，方便儿童能轻松拿到自己想要看的书籍。

图3-26 儿童座椅

图3-26：充满趣味性的儿童座椅，通过造型生动的桌椅引发儿童前来阅读区的好奇心，让儿童爱上阅读。

图3-27 吊顶、绿化设计

图3-28 展示设计

图3-27：书店的吊顶将木材和绿色植物结合起来，将植物纳入室内空间，展现出大自然带来的无限生机。这种设计有利于吸引儿童注意力，并在一定程度上缓解儿童用眼疲劳。

图3-28：书店在展示区摆放书架等家具，为人们选购书籍提供便利条件，并且利于维持空间整洁度。

本章小结

　　人体工程学是人性化设计的基础，真正体现出对人的尊重和关心，是人文精神的体现，是人与产品的完美结合。由于人们的生活方式、装饰材料的变化，以及现代技术的发展和更新，人体工程学在室内设计中的应用范围和深度也在不断变化，人体工程学以人为中心，重视人的舒适性和安全性。在商业空间设计中，将人体工程学运用在家具、通道以及标识等设计上，让商业空间布局更加合理，是每位设计师都需要做到的一点。

课后练习

1. 人体工程学在商业空间设计中能起到什么样的作用与影响？
2. 在商业空间中，人体工程学设计有哪些注意要点？
3. 商业空间中，标识与导向系统的应用形式有哪些？
4. 消费者在商业空间的活动行为有哪些？
5. 举出生活中商业空间标识与导向系统设计的应用实例，收集相关图片并进行分析。
6. 考察一处商业空间，分析消费者的行为习性。作业数量：1份。将考察内容和案例制作成PPT，进行汇报分享。建议完成课时：4课时。
7. 实践是检验真理的唯一标准。在了解商业空间设计的理论知识后，请实地调查当地的某一商业空间并分析其中有哪些部分与人体工程学知识相结合。

第4章 空间类型与设计方法

识读难度：★★★★★
重点概念：商业综合体、购物空间、酒店空间、餐饮空间、娱乐空间、休闲空间

◁ 章节导读

商业综合体是指集购物、餐饮、娱乐、文化、办公等多功能于一体的综合性商业建筑群，其空间装饰设计，对其形象和汇聚人气起着重要作用。商业空间设计的设计手法各种各样，形式也不定向化，动态设计是现代设计中备受青睐的形式，它有别于陈旧的静态设计，采用活动式、操作式、互动式等形式，由静态陈列到动态展示，能调动消费者的参与意识，使商业活动更丰富多彩，取得良好的效果（图4-1）。

图4-1：消费者不但可以看到饭店的内部布局，还可以看到饭店的品牌形象，更加直接地了解饭店特点。入口设计注重视觉表达，既保证了饭店内消费者的私密性，同时也方便消费者感受饭店氛围。

图4-1 饭店入口设计

4.1 购物空间设计

4.1.1 购物空间概念

购物空间是商业空间的重要组成部分，泛指为人们日常购物活动提供的各种空间、场所，主要有各类商场、商店（图4-2、图4-3）。购物空间是商品生产者与消费者之间的桥梁和纽带。我国中高

图4-2 购物商场

图4-2：现代购物商场集合了消费、餐饮、休闲、游玩、办公等商业综合体，其商品种类丰富，方便消费者一站式购物、消费，满足人们的消费需求。

图4-3 服装店

图4-3：服装店作为小型的商业空间，其功能单一，主要是吸引有购买衣服意愿的消费者前往。在服装店的设计上，可追求时尚、简约的设计风格，从而突出商品样式，吸引消费者目光。

端商品大部分是通过各种各样的商场流入消费者手中，在商场里最易了解消费需求，同时能归纳商品评价，预测市场动向，协调产销关系。

购物空间是投资者为追求商业利润，直接为消费者建造和美化的盈利空间。在建筑选址、规划、布局设计中注重空间组合设计，强化建筑的外观形象设计。在室内环境上会对消费主体进行定位分析，强调空间美化程度。从设备设施上看，还需要提供清新空气，维持适宜温、湿度，提供足够的光照度，满足安全舒适等要求（图4-4）。

4.1.2 购物空间分类

1. 购物中心

特点：功能齐全，集购物、餐饮、娱乐、休闲文化于一体（图4-5、图4-6）的综合建筑群。

2. 超级市场

特点：商品种类多，分类详细、合理。便于消

图4-4 购物空间环境营造

图4-4：结合商场的类型和商品特点及环境因素，创造出使消费者流连忘返的，满足精神需求的特色空间。

图4-5 购物中心内景

图4-5：购物中心内景主要以现代化、时尚为主，在内景设计上要保证人员的正常流动。一层中庭设计可保留大量空地，保证后期商业活动的正常举行。

费者快速选购消费品（图4-7）。

3. 中小型自选商场

特点：小规模经营，布局灵活，交通方便，品种精炼，能并入各类其他空间中。

4. 商业街

特点：融合休闲、购物、娱乐等功能。注重入口形象、街道氛围，融合店中店、娱乐与展陈空间，注重配套设施设计（图4-8）。

5. 专卖店

特点：定位明确，针对性强，货品专业程度高，设计风格独特。按货品与行业进行分类，具有强烈的消费指向性（图4-9）。

图4-6 购物中心外景

图4-6：购物中心外景设计需要通过独特的设计理念和外墙装饰等，吸引更多的消费者前来购物和观光。在外景设计上可选择多种材质、植被进行组合，丰富外景造型。

图4-7 超级市场

图4-7：超级市场相对于普通超市而言，种类更加丰富，其中包含国内外食品、日用品、家用电器等。在国内，现在流行前往超级市场进行"一站式"采购。

图4-8 商业街

图4-8：商业街由众多商店、餐饮店、服务店等共同组成，按一定结构比例规律排列的商业街道，为人们提供边走边逛的体验感。由于商业街空间较大，在入口设计上需要以鲜明、大气的标识为主，从而吸引消费者前往。

图4-9 专卖店

图4-9：专卖店以售卖的类别进行划分。不同类型的专卖店在设计上需要迎合特定的消费群体，因此专卖店呈现多样化设计思路。

4.1.3 购物空间设计要求

现代购物空间设计原则是除满足功能要求外，还应重视品牌环境设计，创造出符合品牌形象的消费场景。

1. 品牌环境

品牌环境设计使线下实体店相较于线上购物具有了更多的优势。具有品牌设计的线下实体店可以有多种形式，如零售店、快闪店、工作场所、服务中心或体验中心，用来举办品牌活动，与顾客进行互动，并鼓励顾客更多地参与品牌的未来发展。实体空间允许顾客通过视觉、嗅觉、触觉和味觉对品牌进行多感官体验，提供一个允许顾客通过沉浸式的互动来获得和体验品牌价值的机会。

创建一个品牌空间不仅需要在环境中融入公司的标识和代表性色彩，还要求设计师深入挖掘品牌的历史和使命，并将其转化为空间设计。物理空间作为叙述品牌故事的背景空间，旨在培养和建立与消费者的情感联系。通过视觉元素和空间布局的设计，传递品牌价值，创造出独特的、可复制的空间语言。

随着文化的进步和经济的发展，我们正处于"体验经济"的开端，品牌正从销售产品和服务转向提供体验。品牌空间延伸到体验式营销，其本质是提倡参与性的营销策略。品牌环境成为设计互动的主人，分享品牌故事，创造难忘的体验。这种体验在顾客的脑海中强化了积极的记忆，在这种经济转变中，体验根植于具体化的空间，因此品牌环境设计变得至关重要。

2. 入口设计

购物空间入口通常采用橱窗、灯箱、招牌、装饰物等为主要设计元素，通过新颖、奇特的造型方案，吸引更多消费者进店消费。

店面入口设计要点在于：

（1）以吊顶造型来区分空间，以地面行走流线设计来提高消费者通行效率；

（2）主要采用展陈货架、储藏柜等家具设备来引导消费者走向；

（3）通过顶面、墙面、地面的造型、色彩、材质、灯光、配饰等要素来丰富空间形式感；

（4）通过设计主题来吸引消费者，从而激发消费者的购买行动。

3. 销售区设计

（1）商业卖场销售形式。主要有开架式、闭架式两种。开架式为自选形式，让消费者可以近距离挑选商品，适用于家用电器、服装服饰、家居用品、生活消费品、食品等（图4-10）。闭架式是中高端商品的主流销售形式，多为贵重物品，需要在营业员引导下购物，适用于化妆品、金银首饰、手表相机等小件贵重物品（图4-11）。

（2）商业卖场家具设计。主要指展陈商品用的展架、展柜、展台等。追求使用功能与形式美感，同时考虑造型与使用功能的灵活性。

4. 柜台、货架布局设计

（1）直线型。按照营业空间的梁柱结构，将

图4-10 开架式销售形式

图4-10：在食品类型的商业空间中，为方便消费者自主拿取食物通常会选用开架式柜体。为方便商品自动补充，一般会采用倾斜式台面，运用重力原理自动补给商品，方便消费者拿取。

每件柜台整齐摆放，形成单元组合形式。具有方向感强、容量大的特点，但是形式呆板（图4-12、图4-13）。

（2）斜线型。将商品展陈柜架与建筑梁柱、通道等形成有角度的柜台形式。具有活泼自然的韵律感，但是店面内面积相对较小，异型空间较多。多适用于运动、休闲品牌商店，或因地制宜、见缝插针的小型店面（图4-14）。

（3）弧线型。将展柜、展架、展台设计成弧形、曲线形。具有动感活泼特征，但是占用空间较大，适用于柔和感较强的首饰、化妆品或女性用品商店（图4-15）。

以上三种布置方式可以互相穿插，灵活应用。将商品陈列摆放有序、主次分明，就能获得视觉效果良好的家具布置。

5. 界面设计

商业空间的主要界面是墙面、顶面、地面。

（1）墙面。大多数商业空间中的公共区域墙

图4-11 闭架式销售形式

图4-11：闭架式销售需要通过店员才能将商品递交给消费者，适用于销售高档或不方便消费者拿取到的商品。

图4-12 橱窗直线型布置

图4-12：商业空间的入口采用直线型橱窗，一般会在橱窗中陈列品牌销售较好的商品，方便消费者在入口处看到店内商品，了解品牌类型，吸引消费者前往。

图4-13 货架直线型布置

图4-13：由于货物较多且体积庞大，为方便工作人员和消费者寻找和拿取，一般会使用直线型布置，同时，在有限的空间内更加节约货物的占地面积。

图4-14 休闲品牌商店斜线型布置

图4-14：斜线型商店方便消费者随意浏览，气氛也比较活跃，活动不受拘束，消费者更易看到更多的商品，从而增加购买的机会。

面、立柱会采用石材、铝塑板等耐用防火材料。但是单体店面内的墙面基本上被展柜、货架、展架所遮挡，通常只涂刷乳胶漆处理（图4-16、图4-17）。

（2）顶面。商业空间中吊顶材料多使用轻钢龙骨纸面石膏板，或轻钢T龙骨搭配硅钙板、矿棉板、铝扣板等消防性能较好的防火板材。商业空间顶面设计应简洁，与地面总体的格局呼应，同时还要考虑造型设计与空调风口、消防喷淋不相冲突（图4-18～图4-20）。

（3）地面。地面材料首先要考虑防滑、耐磨和易清洁。常用的材料有防滑地砖、大理石、人造石材地砖、实木或复合地板、地毯等耐磨材料，根据设计特色要求，马赛克、钢化玻璃、鹅卵石等也可以作为地面局部装饰点缀材料（图4-21、图4-22）。

6. 光环境设计

商业空间的一般照明设计应注意把握照明器具的匀布性和照明的均匀性，特别注意照明的显色性（图4-23）。

重点照明设计应注意重点照明区域的照度要大于其他区域，如展柜、展架局部商品的重点照明，

图4-15　首饰商店弧线型布置

图4-15：弧线型相较于直线型、斜线型，线条更加柔和，应用于首饰店等商业空间使空间与商品更加协调。并且弧线型商业空间在风水上也有纳财气入门的寓意，因此现在越来越多的商业空间采用弧线型进行装饰空间。

图4-16　石材墙面

图4-16：石材相比瓷砖而言，拥有大自然赋予的天然纹理，每一块石材都独一无二。在灯光的辅助下，石材墙面的纹理感更强，空间更有高级感、层次感。

图4-17：板材运用在商业空间设计中会让空间更加稳重，很多商业空间广泛运用此材料。因板材种类丰富，在选择材料时可根据空间风格、材料预算等进行选择。

图4-17　板材墙面

图4-18　卖场门厅吊顶　　　图4-19　卖场中庭吊顶　　　图4-20　卖场走道吊顶

图4-18：卖场门厅是消费者进入商业空间首先会注意到的空间，因此设计上一般会选择较高层高吊顶进行搭配，使门厅更为大气，凸显卖场风格。

图4-19：卖场中庭作为卖场的视觉中心，是人们在卖场的都会注意到的地方。设计师在中庭设计上要充分结合卖场品牌形象进行设计，凸显品牌形象可选择一些有设计感的吊顶或灯具进行装饰。

图4-20：卖场走道作为卖场的主要通道，是引导消费者进入各个商铺的通道。走道的吊顶设计具有导向性，搭配地面装饰，引导消费者进入空间。

图4-21　开放式卖场地面　　　　　　图4-22　室内专卖店地面

图4-21：开放式卖场一般使用浅色瓷砖通铺整个空间，其中会选择少量深色瓷砖进行点缀。浅色瓷砖在视觉上会使商业空间更加宽敞，并节约商业空间的材料成本。

图4-22：为区别商业空间的走道，一般室内专卖店会选择与走道材质、颜色不同的地面材料进行铺贴。室内专卖店地面设计需贴合整体的装饰风格，可用木地板或地毯进行地面铺装，以提升商业卖场的档次。

应比人行通道的照明要求要高（图4-24）。

装饰照明设计只以装饰为主要目的，不承担基础照明和重点照明的任务，可以选用有装饰效果的灯具进行装饰照明，也可以设计有装饰效果的光源进行装饰照明（图4-25）。

图4-23 一般照明　　　　　　　　图4-24 重点照明　　　　　　　　图4-25 灯带装饰照明

图4-23：设计一般照明时，灯具尽量选用避免眩光的格片或暗藏式灯具，消费者可以根据光照来划分不同的售货区。

图4-24：重点照明与一般照明的照度之比为5∶3。考虑商品质感、立体感的表现，特别要考虑照明的显色性。注重灯具、光源的选择，避免眩光的产生。

图4-25：装饰照明可用于展台、橱窗等区域，在满足照明需求的基础上，加入灯带或装饰性灯光，进一步凸显该空间的设计感。

4.2 酒店空间设计

酒店是商业空间中的重要组成部分，酒店的用途、功能、设施齐全，以销售服务为主。

4.2.1 酒店空间设计分类

酒店种类繁多，以下介绍两种具体的分类方法。

1. 按照传统分类

（1）商业酒店。主要为商业旅游者提供住宿、餐饮服务，位于城市中心，回头客较多。酒店的服务项目、服务质量相对较高。世界各国的酒店集团所属的酒店，绝大多数是商业酒店，他们根据旅游市场的需求，建造各种类型的酒店，如纽约市中心希尔顿酒店、芝加哥凯悦酒店（图4-26）等都是典型的商业酒店。

（2）长住酒店。主要为度假旅客提供住宿，也被称为公寓生活中心。目前，我国还没有专门的长住酒店，部分酒店将客房的一部分集中租给企业，作为他们的办公地点、商业活动中心，形式为长住酒店。长住酒店提供较现代化的电气设备，特别是海外直拨电话、传译等。

（3）度假酒店。主要位于海滨、山区、风景区、温泉附近。度假酒店除了提供常规酒店应有的服务项目外，最重要的项目是它的娱乐中心。我国部分沿海城市均有度假酒店，如北戴河、青岛、大连、厦门、三亚等地的酒店都属于这种类型。例如，深圳的西丽湖度假村（图4-27）、香蜜湖度假村、长江宾馆等，吸引了大批游客前去度假。

（4）会议酒店。主要为各种商业贸易展会、科学讲座的商客提供住宿、餐饮、展陈、会议的特殊型酒店。会议酒店设施不仅要求舒适、方便，同时要有大小规格不等的会议室、谈判室、演讲厅、展览厅等，其中会议室、谈判间里要提供良好的隔板装置和隔声设备。

2. 按照星级标准分类

根据我国GB/T 14308-2023《旅游饭店星级的划分与评定》，用星的数量和颜色表示旅游饭店的星级。旅游饭店星级分为五个级别，即一星级、二星级、三星级、四星级、五星级（含白金五星级）。最低为一星级，最高为五星级（表4-1）。星级越高，表示饭店的等级越高。

星级标志由长城与五角星图案构成，用一颗五角星表示一星级，两颗五角星表示二星级，三颗五角星表示三星级，四颗五角星表示四星级，五颗

图4-26：芝加哥凯悦酒店是芝加哥市中心规模较大的一家酒店。为满足消费者需求，配有机场接送、会议室等配套服务，并且该酒店距离千禧公园和芝加哥剧院等景点步行不到10min。

图4-26　芝加哥凯悦酒店

图4-27：度假酒店与其他酒店不同，不仅要提供舒适、怡人的房间，令人眷恋的娱乐活动和康乐设施，同时还要提供热情而快速敏捷的服务。

图4-27　度假酒店

表4-1　　　　　　　　　　　　　　旅游饭店星级划分标准

星级	设施项目
★	有适应所在地气候的采暖、制冷设备；24h供应冷水，每日固定时段供应热水；至少有15间（套）可供出租的客房；客房、卫生间每天要全面整理1次，隔日或应客人要求更换床单、被单及枕套，并做到每客必换
★★	在上述基础上（下同）还需要至少有20间（套）可供出租的客房；24h供应冷水，至少12h供应热水；至少50%客房应有卫生间，客房内有电话分机与电视机；提供早餐服务；5层(含5层)以上的楼房有客用电梯
★★★	需要有设专职行李员，有专用行李车，客人提供行李服务；有小件行李存放处；提供信用卡结算服务；至少有30间（套）可供出租的客房；24h提供热水、饮用水；提供叫醒服务；提供会议服务；服务人员有专门的更衣室、公共卫生间、浴室、餐厅、宿舍等设施
★★★★	至少有40间（套）可供出租的客房；24h提供热水、饮用水，免费提供茶叶或咖啡；应有餐厅小宴会厅或包房；提供衣装湿洗、干洗和熨烫服务；厨房的冷菜间、面点间应独立分隔；提供擦鞋服务
★★★★★	内部装修豪华，至少有50间（套）可供出租的客房；应有背景音乐，音量可调；客房应有微型酒吧和小冰箱；应有两种规格的会议厅，有多功能厅；提供商务设施服务；走廊及电梯厅地面应铺满地毯或其他优质材料

五角星表示五星级，五颗白金五角星表示白金五星级。

六星级酒店即行业内认定超过五星级酒店之上的酒店。七星级酒店，是指行业内认为评六星还不能表现其服务、硬件的完善，如迪拜的阿拉伯塔酒店就是国际公认的七星级酒店，其消费水准、豪华程度非常高（图4-28、图4-29）。

图4-28　阿拉伯塔酒店外景

图4-28：阿拉伯塔酒店外形酷似帆船，又称迪拜帆船酒店，其造型主要是表达对阿联酋航海传统的敬意。建筑外观运用双层特氟隆玻璃纤维材料，打造出变换颜色的外墙。

图4-29　阿拉伯塔酒店客房环境

图4-29：阿拉伯塔酒店内的所有房间均是豪华套房，是全球首例。每个房间结合当地文化、景色进行独特性设计，让消费者在酒店就可以感受到当地的文化特色。

4.2.2 酒店空间设计原则

1. 合理功能布局

合理的功能布局是酒店设计方案的核心内容。合理的功能布局主要是指大堂、客房等单体功能空间的合理布局。国家颁布的《旅游饭店星级的划分及评定》从一星级到五星级酒店，第一条规定都是"布局合理"，表明了酒店合理功能布局的重要性。

2. 设计风格独特

每个酒店都应有自己的独特风格，这些风格能适应其所在国家、地区的需要。独特风格主要表现在市场定位与装修设计上。度假酒店的整体风格给人轻松、亮丽、休闲的感觉；商务酒店、会议型酒店的风格更突出其功能性，给人以简约、明快之感（图4-30、图4-31）。

3. 塑造文化特色

由于消费需求上的精神文化色彩越来越浓厚，因此，在设计时应注重酒店文化品位的塑造，可以通过主体的空间造型、色彩、材质、灯具、家具、陈设等来表现酒店的文化特色。

4. 人性化设计理念

绿色、环保、节能、人性化的设计理念应自始至终渗透到酒店的方方面面。

4.2.3 大堂空间设计

大堂是酒店功能的核心，是消费者对酒店的第一印象，主要由大门入口、总服务台、休息区、交通枢纽四部分组成。设施主要有总服务台、总台办公室、贵重物品保险室、大堂经理办公室等。

1. 总服务台

总服务台是大堂活动的焦点，是酒店业务活动的枢纽，应设在进大堂一眼就能看到的地方。总服务台是联系酒店各功能区的综合性服务机构，主要办理客人订房、入住、离店等手续服务，同时具有财务结算、兑换外币、行李接送、问询留言、对外租赁、物品保管、行李寄存等服务（图4-32、图4-33）。

2. 总台办公室、贵重物品保险室

总台办公室设在总服务台后面或侧面。贵重物品保管室也与总服务台相邻，主要负责保管客人的贵重物品，客人和工作人员分走两个入口。

3. 大堂经理办公室

大堂经理的主要职责是处理前厅的各种业务，办公室应能看到大门、总服务台和客用电梯厅。

图4-30 商务型酒店大堂设计

图4-31 商务型酒店客房设计

图4-30：商务型酒店将功能性放在首位，其风格一定是简约、明快、色彩醒目。大堂设计是吸引和招揽消费者的重要空间，同时也是社交、休息、服务、交通的重要场合，因此在大堂的设计上要凸显酒店的规模、形象、标准、舒适等。

图4-31：客房是供消费者休息的空间。前来商业酒店的大多是商务人士，客房设计需设置利于办公的桌椅，方便办公。在色调上主要以暖色调为主，体现环境的温馨。

图4-32 酒店大堂

图4-33 酒店总服务台

图4-32：酒店大堂是酒店前厅空间中最主要的区域，是内外旅客集中地和必经之地，因此，大多数酒店会将大堂和中庭结合形成酒店的核心景观地。

图4-33：总服务台一般设在入口附近，在大堂较为明显的区域，方便旅客办理入住。总服务台的长度与酒店的类型、规模、客源市场有关，一般为8～12m，大型酒店可以达到16m。在设计要点上，总服务台设计时应考虑在两端留活动出入口，便于前台人员随时为客人提供个性化的服务。

4. 商场、购物中心

酒店商场主要出售旅行日常用品、旅游纪念品、当地特产、工艺品等，四星级、五星级的酒店为了提升品位和档次，专门经营高档品牌服饰、箱包、鞋帽或其他高档商品，以满足客人需求。

5. 商务中心

商务中心主要为客人提供传真、复印、打字、国际直通电话等商务服务，有的酒店还增设有订飞机票、火车票的功能。商务中心应配置计算机、打印机、复印机、沙发等服务设施。

6. 休息区

大堂休息区设在总服务台附近，能向大堂或其他经营点延伸，既方便客人等候，也能引导客人消费（图4-34）。除此以外，其设计还应考虑以下三点。

（1）有满足休息时间长短、性质不同的三大系统（休息、卫生、购买）设施。

（2）能够排除对休息有干扰的因素。如在休息区的划分上，避免人流的穿越；在隔音的处理上，排除噪声的干扰；在休息设施的排列组织上，避免休息者彼此间的影响。

（3）在设计细节上创造出平静、安宁、亲切、融洽、舒适、愉快的环境气氛。

要调动一切因素，创造便于休息、社交的空间环境，极大限度地满足消费者的精神需求。

7. 餐厅

大堂餐厅为客人提供早餐、中餐、晚餐，还兼顾咖啡厅和酒吧的功能。餐

图4-34：大堂休息区作为大堂功能分区之一，主要是提供旅客进店、结账、接待、休息的场地，并提供酒水、零食等供消费者选择。

图4-34 大堂休息区

厅一般与大堂作为一个整体进行设计。

8. 行李间

行李间主要用来存放退出客房、准备离去但尚未办好手续的旅客行李。行李间平均以每间客房0.1～0.2m²的面积来设定，观光型酒店旅行团行李较集中，行李间面积可适当大些。

9. 公共卫生间

公共卫生间应设在大堂附近，既要隐蔽，又要便于识别找寻。卫生间的面积尺寸、洁具布置等设计应符合人体工程学原理。

4.2.4 客房设计

客房是酒店提供住宿和休息的主要区域，是酒店的主体部分，具有系统性、功能性、标准性和艺术性的特点。

酒店、宾馆的客房房型一般分普通标准间、商务套间、高级标准间和高级套间。五星级的酒店为了提升档次，还设有总统套房。不同规模和不同档次的酒店、宾馆的房型，根据实际需求和经营效率而不同。

1. 功能与设计要求

客房具有睡眠、起居、阅读、书写、沐浴等功能。客房空间划分在不同的房型中，存在着不同的布局方式。

标准间按功能可分为通道、卫生间、桌、床位、休闲座椅5个区域，客房走道宽度为5～8m，其中家具占客房面积为18%～20%；相对高级的房型，各区域所占室内面积相对较小。为了满足不同客人的需要，很多酒店还设有5%～8%的连通房（图4-35）。为了满足商务客人的需求，很多星级酒店设有商务套间（图4-36）。商务套间布局特点是会客间兼工作间，除住宿外，还能满足客人办公需要。

高级客房在家具尺度、人流通道、装饰用材和功能设施等方面的要求都高于普通客房。以床为例，普通客房的床位尺寸一般是1.2m×2m、1.5m×2m的规格，而高级套房的床位尺寸一般为1.8m×2m、2m×2m等规格。以洁具为例，普通客房只有普通浴缸或淋浴房，而高级套房有冲浪按摩浴缸或带有按摩功能的淋浴房（图4-37）。

很多五星级以上的酒店为了体现档次，设置有总统套房。总统套房的基本房型分布有起居室（分主卧室、随从客房），并兼设有多种形式的卫生间。家具、地毯、灯具、灯饰和置景造型均为高档工艺产品，超大型总统套房的功能设施更是应有尽有。

2. 客房家具设计

家具选材与造型是酒店客房设计的基本内容，首先取决于客房面积和投资造价，其次是家居风格与整体空间的装饰协调。因受面积的限制，客房家具尺寸略小于居家和办公家具，并由此而形成了一定的功能特征。标准客房的家具主要包括梳妆台（兼写字台）、电视柜、床头柜、行李柜、酒柜、高背椅、圈椅（沙发）、茶几等（图4-38）。

3. 卫生间设计

卫生间的设计和设备的选配是客房档次的标准，其界面饰材和洁具规格，尤其是洗手台的造型和整体色彩的配置是设计的重点。

4. 客房装饰用材与用色

客房作为休息场所，材质选择与色彩色调的处理以营造宁静、温馨、舒适的个体空间环境为宗旨，以客人感到舒适、温馨、方便和安全为准

图4-35 酒店连通房

图4-35：两个普通标准间之间设有可以通行的门，根据客人需要，可单独作为两个标准间使用，也可作为套间使用，这种房间使用率较高。

图4-36 酒店商务套间卧室

图4-36：商务套间相较于普通客房，在房内会设置两张双人床或一间卧室和一间办公区的组合，满足商务人士的工作、休息需求。在卧室设计上注重营造简约、安静的氛围。

图4-37 高级套房

图4-37：高级套房在一般套间设施的基础上，有的另设餐厅、厨房、会客厅、小酒吧台、书房兼工作间，以及随从客房等。

图4-38 客房组合床家具

图4-38：将床头柜、床、床头板进行重新组合，统一其色调。在设计要点上，客厅家具取材和漆色宜与门套、门扇及各种木线配置协调，并保证客房整体装饰风格的一致。

(图4-39、图4-40)。客房主要装饰木质材料应与家具协调一致,墙纸以明亮色为宜,窗帘、地毯、床罩的花色图案应协调一致,客房走道应尽量选用耐脏、耐用的地毯或防水、耐脏的石材。

5. 客房创新个性化设计

客房的个性化设计会对客人产生深远影响,也是客人选择再次入住的重要因素。很多酒店从建筑构造上都惯用一套固定的标准客房模式,设计感很低。因此,需要对客房进行创新设计,在空间的造型细节上要求具有突破性(图4-41)。

4.2.5 中庭空间设计

很多酒店都有中庭空间,中庭空间多以室外绿化景观为主题,将室外景色引入室内,展示生态、绿色造景元素。

1. 中庭空间特点

现代酒店建筑吸取了中国传统内庭的优点,根据现代消费需求,主要特点表现为以下几点。

(1)运用各种空间形式。不同空间形式具有不同的特点和氛围,如规整的几何空间给人端庄、平稳、肃穆的感觉;不规则的空间给人随意、自然流畅的感觉。

(2)大中有小,小中有大。中庭空间应该是大空间和小空间的复合体。空间内设有休息岛、树、石、花、草,既能让人感受到大空间的宏伟,又能有小空间的亲切、安定感。

(3)水平与垂直空间的复合体。中庭空间周围的走道和房间为平行排列,而自动扶梯、电梯、楼梯又为垂直空间序列(图4-42)。

(4)不定空间。中庭空间将室外和自然景色引入室内,中庭空间既是室内,也是室外,非常适合酒店商业空间推广营销(图4-43)。

(5)流通空间。中庭空间与周围的空间互相流通、渗透、穿插和连续,将周围空间联系在一起。

图4-39 棕褐色客房装饰配色

图4-39:棕褐色常常让人联想到泥土、自然、简朴。棕褐色往往与黄色、白色进行搭配,运用在客房室内设计中,带给体验者宁静、可靠的感受。

图4-40 棕红色客房装饰配色

图4-40:棕红色运用在室内装饰中,一般是作为室内颜色点缀。在客房设计中,少量的棕红色搭配淡黄色的墙面、地毯使空间更加沉稳、庄重。

图4-41 客房创新型设计

图4-41:住酒店的客人如果发现房间内的装饰形式、颜色、陈设品、家具等都是未曾见过的、新奇的、高雅的,就会感到一种极大的满足和愉悦。在设计要点上,把同类型的客房装饰成不同的样式,也是个性化设计的体现,这样能使客人有耳目一新的感觉。

图4-42 酒店复合型中庭设计

图4-42：复合型中庭中设置休息桌椅，提供自主茶水，人们在这里可以休息、闲聊。

图4-43 中庭不定空间设计

图4-43：一些观光型酒店、星级较高的酒店，会在中庭中加入绿色植物景观，让消费者在室内就可以欣赏到当地的特色植物，并在附近设置咖啡厅等场所，方便人们休息、欣赏景色。

2. 设计要点

（1）具有功能设施。常见的休息设施有沙发、茶几、桌子、椅子等；卫生设施有垃圾箱、卫生间等；商品售卖设施有自动售货机、移动店铺或固定小卖处等。

（2）创造出空间景观环境。靠有特色的环境变化和空间景象来创造环境，如室内外相结合，自然与人工相结合。

（3）共性与个性相结合。满足个人活动需要的私密感，在中庭中能找到适合于自己的空间环境，在中庭可布置多种休息空间。大空间内又包含多种小空间，从而使人感到既方便又安全。

（4）空间与时间变化。通过一系列空间来组织人流，使人成为空间的动态因素。

4.2.6 酒店空间光环境

大堂是酒店的核心，照明设计好坏会直接影响大堂品质。大堂顶面整体照明布光应均匀、明亮，在不破坏整体效果的情况下，适当增加灯具照度和玻璃、不锈钢等材质的反射光，可以增添大堂的豪华氛围（图4-44）。

客房照明的功能设置较多，选择灯具要注意灯具造型统一，考虑灯具与客房整体风格相协调。客房走道灯光既不能太明亮，也不能过于昏暗，要柔和且无眩光。可直接安装筒灯照明，也可以考虑采用壁光或墙边光反射照明，还可用顶灯、壁灯结合照明，营造出安静、安全的氛围（图4-45）。

图4-44 酒店大堂照明

图4-44：选择照面方式一定要满足总台接待区、休息区、交通空间等不同功能空间的需要，并考虑其局部的照明因素以补充一般照明（整体照明）的不足。

图4-45 酒店客房照明设计

图4-45：客房各种灯具和开关插座的安装高度及位置应符合星级酒店规范要求，如开关应安装在离地面1400mm的高度，地面插座安装在离地面300mm的高度。

4.3 餐饮空间设计

餐饮空间是最常见的商业空间，主要包括中餐厅、西餐厅、自助餐厅、风味餐厅、宴会厅、咖啡厅、酒吧、茶馆、冷饮店等场所。

4.3.1 餐饮空间设计概述

餐饮空间不仅是人们享受美味佳肴的场所，还是进行人际交往和商贸洽谈的地方，就餐环境的好坏直接影响人的消费心理（图4-46）。

4.3.2 餐饮空间的构思与创意

餐饮业竞争十分激烈，空间设计必须特色化、个性化，且与众不同。就餐环境直接影响消费者的心理活动，并起到体现服务档次、质量的效果。因此，充分合理地利用空间，营造舒适幽静的环境，吸引消费者，促使其进行消费，是设计的出发点和

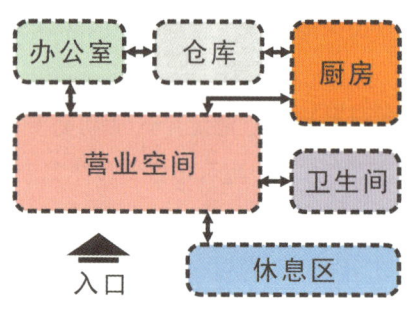

图4-46 餐饮空间布置图

图4-46：按用餐对象、目的的不同，消费者选择的餐饮空间也有所区别。为满足消费者的餐饮需求，在设计空间中将营业空间设置在入口处，管理办公室、仓库、厨房等位于空间后方，不影响消费者的体验感。总体来说，营造符合人们消费观念且环境幽雅的餐饮空间环境，是设计首先要考虑的问题。

根本目的（图4-47、图4-48）。

1. 设计前考察调研

餐厅设计主要是：外观设计、室内设计、厨房设计三个部分，在构思方案前，需要思考以下基本问题。

图4-47 新中式风格餐厅

图4-47：餐厅不仅经营有独特风味的美食，空间设计本身也必须要有新意。在餐厅设计上运用新中式风格，运用简洁的线条，比如云卷纹、中国结等，在灯光上可以选择一些复古式灯具，结构简单。

图4-48 现代风格餐厅

图4-48：现代风格餐厅运用明快的浅色调，舒适雅致的环境氛围。具有浓郁的文化气氛，让人不仅能享受到厨艺之精美，还能领略到饮食文化的情趣，吃出品位，吃出风情，方能宾客盈门。

（1）投资者、开发商、雇主，他们对餐厅风格、品质目标的期待是什么？

（2）消费者的定位、菜品的策划风味是什么？他们需要什么样的空间布局、照明、背景音乐、色彩搭配？

（3）即将开始的设计方案的地理方位、社会地位角色是什么？

（4）餐馆的食谱与方案设计有怎样的联系？

（5）他们想通过设计传达哪种信息？

2. 餐饮空间设计制约因素

（1）餐饮空间设计差异性。各种不同类型的餐饮空间，有着不同的功能要求、设计定位、主题选择等，设计风格不可以千篇一律，要灵活变化。

（2）投资经费影响档次定位。投资条件对餐饮空间设计的限制比较明显，资金充裕的设计可以选用高档的材料，细分空间的功能，优化空间设施，这些都可以提高空间的舒适水平。

（3）地域性及消费群体。特有的地域灯光、民俗风情、文化内涵、个性特征等，对于设计的影响很大，反映不同地域的物质特征，或者满足不同人群的精神需求，都是设计需要关注的问题。

（4）建筑结构对设计的影响。实体空间的三维构成，尤其是特殊的结构构件以及结构形式，往往对餐饮空间的设计产生重要影响，大多表现在对使用者行为心理的影响方面。

4.3.3 餐饮空间设计原则

（1）餐厅的面积一般以$2m^2$/座计算，指标过小会造成拥挤，过大易增加工作人员的劳作强度。

（2）厨房和餐厅分布合理。二者功能不同，因此区域划分也应理清。

（3）消费者就餐活动路线和供应路线应避免交叉，送饭菜和收碗碟出入口也宜分开。

（4）中、西餐式或不同地区的餐式应有相应的装饰风格（图4-49、图4-50）。

（5）应有足够的绿化布置空间，尽可能地利用绿化分隔空间，空间大小应多样化，并保证不同餐区、餐位之间的私密性，相互之间不干扰。

（6）室内色彩应明净，照度应根据空间性质

图4-49 中式餐厅

图4-49：中式餐厅在设计上将中国古代元素和现代技术相融合，在餐厅室内设计中呈现不同的视觉感受。在中式餐厅中，色调素雅，一般使用编织类、竹类家具搭配具有中国风元素的屏风。

图4-50 西式餐厅

图4-50：西式餐厅装饰风格富有异域情调，独特的餐饮风格正好迎合现代人追求时尚、便捷的心理需求。

进行配置。

（7）选择耐污、耐磨、防滑和易于清洁的装饰材料。

（8）室内空间尺度适宜，通风顺畅，采光充足，吸声性好，阻燃达标，疏散通道畅通，标示明确，符合国家消防法规规定。

4.3.4 餐饮空间设计与人的行为心理

1. 边界效应与个人空间

环境心理学对人与边界效应的研究表明：人们倾向于在环境细微处寻找支持物。因此，在进行空间设计时必须考虑到消费者的心理需求。"边界效应"表明了人的三个交往心理需求如下。

（1）人喜欢观察空间、观察人，人有交往的心理需求，在边界逗留提供了纵观全局、浏览整个场景的良好视野。

（2）人在需要交往的同时，又需要有自己的个人空间领域，这个领域不希望被侵犯，而边界使个人空间领域有了庇护感。

（3）人在交往的同时，需要与他人保持一定距离，即人际距离。

2. 餐桌布置与人的行为心理

（1）在餐饮空间设计中，划分空间时应以垂直实体尽量合围出各种有边界的餐饮空间，尽量减少四面临空的餐桌。这是高质量的餐饮空间所共有的特征。

（2）餐桌布置既要有利于人的交往，又要与他人保持适当的人际距离。

4.3.5 餐饮空间设计的基本要求

餐饮空间设计的基本要求，是方便接待消费者和使消费者方便用餐。

1. 餐饮空间光环境设计

餐饮空间光环境设计，主要包括自然光环境和人工光环境。其中，人工光环境按类型可分为间接照明、直接照明，投射的方式分为一般照明、局部照明（图4-51、图4-52）、混合照明，装饰点缀照明餐饮空间光的合理运用体现在灯具的选择、光的柔弱（餐桌上的光照度300~750lx）、光源的位置、光的投射角度等。

2. 入口空间设计

（1）入口空间的作用与内容。入口空间包括入口门、入口门前的空间和门厅部分。入口空间起招揽消费者、引导人流的作用，需要有较强的识别性和吸引性。

（2）入口空间的设计手法。将入口空间作为交通枢纽；将入口空间作为视觉重点；将入口作为酝酿情绪的空间或停留空间；将入口空间的功能扩大化。

3. 卫生间设计

（1）卫生间的平面布局。卫生间的门要隐蔽，不能面对餐厅或厨房，其次要有一条通畅的公共走道与其连接，方便消费者找到。卫生间的位置不能与备餐出口离得太近，以免与主要服务路线交叉。消费者卫生间与工作人员卫生间应尽可能分开。

（2）卫生间设计注意要点。卫生间属于公共空间，应多采用蹲便，卫生保洁很重要。使用明窗或用机械通风保证卫生间的通风，同时必须设地漏，墙、地、洗手台都要用防水材料（图4-53、图4-54）。

图4-51　一般照明

图4-51：一般照明是指对餐饮空间内整体环境进行照明，使空间内各部分都得到均匀光照。在天气较好的时候，可用采光作为一般照明，满足餐厅部分区域的一般照明需求。

图4-52　局部照明

图4-52：为营造良好的餐厅氛围，大部分餐厅会在满足一般照明的前提下加入局部照明，如对餐桌进行局部照明，消费者可以更好地欣赏美食，增加食欲。

图4-53　卫生间洗手台

图4-53：为方便消费者整理仪表，大部分卫生间会设置镜子，但要注意卫生间镜子的折射角度问题，不能折射到出入口或外部。

图4-54　卫生间隔断门

4-54：卫生间必须设计前室，通过墙或隔断将外面人的视线遮挡。为保护每个人的隐私也需要设计卫生间单位隔断门。

4. 厨房设计要点

（1）平面设计要点。合理布置生产流线，要求主食、副食两个加工流线明确分开，从初加工到热加工再到备餐的流线是厨房平面布局的主流线，要便捷畅通，避免迂回倒流，其余部分都从属于这一流线而布置。工作人员须先更衣再进入各加工间，所以更衣室、洗手间等应在厨房工作人员入口附近设置。厨师、服务员的出入口应与客人入口分开，并设在客人看不到的位置。服务员不应直接进入加工间端取食物，应通过备餐间传递食物。

（2）厨房布局形式。一般可以分为封闭式、半封闭式、开放式（图4-55、图4-56）。封闭式餐厅与厨房之间完全分隔开，传统中式餐厅较多采用此形式。

（3）热加工间的通风与排风。热加工间应双面开侧窗，以形成穿堂风，同时还要设抽气道或机械排风，在没有条件开设大面积直接外窗口的条件下，可以设置人工排风设施，保障基本工作条件。

（4）地面排水。明沟排水，地面要有2%～5%的坡度，厨房处污水出口处应设有"除油井"。

5. 餐厅的家具布置

餐桌的就餐人数应多样化（图4-57、图4-58），如2人桌、4人桌、6人桌、8人桌等。餐桌布置应考虑布桌的形式美和中西方的不同习惯，如中餐常按桌位多少采取品字形、梅花形、方形、菱形、六角形等形式，西餐常采取长方形、T形、U形、E形、口字形等。自助餐的食品台，常采用V形、S形、C形和椭圆形。

图4-55　半封闭式厨房布局

图4-55：半封闭式露出厨房的一部分，客人能看到烹饪过程，让顾客吃得安心，增强体验感。当前的中式商业餐饮空间大多采用此形式。

图4-56　开放式厨房布局

图4-56：开放式是将烹饪过程完全显露在消费者面前，现制现吃，气氛活跃。西式餐厅或具有特殊经营方式的餐厅多采用此形式。

图4-57 可组合4人桌

图4-57：可组合桌椅在餐饮空间中使用较为频繁，可应对不同数量的消费人群，根据消费者人数需求进行布置，有利于提高消费者的就餐率。

图4-58 圆桌

图4-58：圆桌多用于餐饮空间中的包间，适用于就餐人数较多、使用空间较大的情况，在空间内一般还会配备沙发等休息空间。

通道和餐桌的布置参考数据如下：

（1）服务通道宽900mm。

（2）桌子最小宽700mm。

（3）四人用方桌最小为900mm×900mm。

（4）四人用长方桌为1200mm×750mm。

（5）6人用长方桌（4人面对面坐，每边坐2人，两端各坐1人）为1500mm×750mm，6人用长方桌（6人面对面坐，每边坐3人）为1800mm×750mm。

（6）8人用长方桌（6人面对面坐，每边坐3人，两端各坐1人）为2300mm×750mm。

（7）8人用长方桌（8人面对面坐，每边各坐4人）为2400mm×750mm。

（8）圆桌最小直径：2人桌 ϕ 850mm，4人桌 ϕ 1100mm，6人桌 ϕ 1350mm，8人桌 ϕ 1500mm。

（9）餐桌高720mm，桌底下净高为600mm。

（10）餐桌椅座面高440～450mm。

（11）酒吧吧凳高750mm。

（12）吧台高1050mm。

（13）搁脚板高250mm。

4.4 娱乐空间设计

娱乐空间是人们在工作之余聚会、用餐、欣赏表演、松弛身心和交流情感的场所。娱乐空间设计是文化最典型、最集中的体现，通过环境设计语言来诠释人对生活的理解。如今，娱乐空间的娱乐模式与消费群体细分更加明确及专业化，在设计之初必须明确服务对象、定位及娱乐模式。娱乐空间按空间位置划分，可分为内部娱乐空间和外部娱乐空间。

4.4.1 内部娱乐空间

1. 酒吧

酒吧是一种以提供酒精饮料为主的娱乐场所（图4-59），通常注重音乐氛围和社交体验。设计上可能强调独特的灯光效果、舒适的座位布局，以及能够促进互动的空间设置，以满足不同消费者的喜好。

2. KTV

以唱歌为主的娱乐场所，对唱歌的音响要求较高。消费客源以白领工薪族、家庭、同学聚会或生日聚会为主，装饰讲究时尚、高雅、简约、营造出高品质、高档次的氛围。设计注重音响效果、私密性和舒适度，以创造一个愉悦的歌唱和社交空间。

3. 健身房

健身房是专注于提供体育锻炼的场所（图4-60）。设计强调空间布局的

图4-59 酒吧

图4-59：设计上大多利用色彩、灯光、造型，将空间设计得亮丽动人，突出娱乐休闲性。

图4-60 健身房

图4-60：运动型休闲空间是近年来发展很快的一种空间类型，这与人们的文化需求多样化和追求更高的生活品质密切相关。

灵活性、通风与采光,以及创造激励人心的运动氛围。

4. 现场音乐餐厅

现场音乐餐厅结合了音乐表演和餐饮体验,通常有现场乐队演出。设计可能侧重于舞台设置、音响系统,以及能够容纳观众的舒适用餐区域。

4.4.2 外部娱乐空间

1. 主题公园、游乐场

主题公园和游乐场(图4-61)致力于提供家庭娱乐体验,通常包含各种刺激的游乐设施。设计上注重安全性、可达性,以及引人入胜的主题元素。

2. 海滨游泳浴场

海滨游泳浴场是以海滨为基础的娱乐场所(图4-62),融合了沙滩、游泳和休闲服务。海滨景观、安全设施,以及提供舒适休憩区的布局是其设计重点。

图4-61 游乐场

图4-61:近几年来国内开设了不同类型、主题的游乐场,在园区环境、游乐设施等方面充分考虑受众群体倾向,满足各个年龄段的娱乐需求。

图4-62 海滨游泳浴场

图4-62:对沿海城市来说,以海滨游泳浴场为代表的城市外部娱乐空间,在很大程度上决定了居民的休闲模式和内容,直接影响到人们休闲生活的质量,对于满足城市居民的日常娱乐活动需求具有重要意义。

4.5 休闲空间设计

休闲空间变化多样,门类丰富,是现代商业空间服务营销的重点,材料搭配与空间氛围是消费者关注的重点。

4.5.1 桑拿洗浴中心设计

桑拿又称为芬兰浴,是指在封闭的小房间内用加热的湿空气对人体进行理疗洗浴。通常桑拿室内温度可以达到90℃以上。桑拿起源于芬兰,有2000多年的历史。以桑拿洗浴为代表的服务业在中国发展迅猛,逐渐成为都市人缓解精神压力的一种有效方式(图4-63、图4-64)。

桑拿洗浴中心设计需要考虑人群、风格、材质等方面的问题,在设计过程中有以下注意事项:

(1)接待大厅设计造型艺术感强,体现休闲特色;休息大厅的设计应温馨、雅致,光线柔和。

(2)按摩房设计应体现多样化风格,房间不能千篇一律,要给消费者不同的心理感受。

(3)更衣室应根据规模大小设置足够的更衣柜,每个更衣柜应设置有存衣处和存鞋处两个部分;淋浴房各间应设计隔断。

(4)按摩房、休息大厅地面、墙面可以选用地毯或木地板等软性地面装饰材料,搭配墙纸等个性化艺术墙面装饰材料。

(5)桑拿洗浴区为潮湿空间,吊顶适宜采用防腐、防潮的装饰材料。

(6)桑拿浴室的灯光应柔和。水池区顶部照明采用防水型节能筒灯,线路应采用阻燃型聚氯乙烯绝缘电线。

(7)在封闭楼梯间前室、电梯前室、疏散走道、休息大厅、水池区均应设置火灾事故应急照明;在疏散走道及主要疏散路线,设置发光疏散指示标志,走道指示标志间距不大于20m。

(8)桑拿浴室需要安装通风装置,其好坏直接关系到桑拿效果甚至消费者生命安全,空调系统必须完善,运转正常,以确保浴室内始终处于正常的温度和湿度。

图4-63 桑拿洗浴等候区

图4-64 桑拿洗浴区

图4-63:桑拿洗浴中心会在较宽敞的区域设计等候区或休息区,避免人流较多时的拥挤情况,同时也供桑拿完的消费者休息。

图4-64:桑拿洗浴区地面材料适合铺满经过防滑处理的大理石、花岗岩或地砖,因为湿气大,墙面也应以防潮的石材和墙砖为主要装修材料。

补充要点

商业空间装修周期

1. 特大型商业空间，如商场、星级酒店、大型超市等面积超过3000m²的商业空间装修周期一般约为5年。

2. 大型商业空间，如电影院、快捷酒店、休闲会所、中型超市等面积1000～3000m²的商业空间装修周期一般为3～5年。

3. 中型商业空间，如美容院、KTV、餐厅、中小型超市等面积300～1000m²的商业空间装修周期一般为3年左右。

4. 小型商业空间，如专卖店、快餐店、小型超市、百货店等面积100～300m²的商业空间装修周期一般为2～3年。

5. 微型商业空间，如个性化专卖店、食品店、日用百货店、店中店等面积100m²以下的商业空间装修周期一般为1～2年。

4.5.2 美发、美容空间设计

美发、美容主要以人的形象设计为主要内容。通常有美发店、美容院等不同类型的经营模式，满足不同消费者的需要。

1. 美发店

美发店主要以剪发、洗发、染发、烫发等为主要服务功能，主要功能分区有理发区（图4-65）、洗发区、烫染区、休息等待区（图4-66）、收银区、洗手间等。美发店的设计要点如下。

（1）设计风格多追求个性与另类，如顶面设计，故意露出水管、电线，并装上艺术感较强的灯饰，表现裸露的粗犷风格，既体现效果，又节约成本。

（2）用充满生机的绿色植物点缀空间，营造清新、幽雅的环境氛围。

（3）理发区要保证干净整洁，同时让消费者留下深刻印象。

（4）在设计电气路线时，应特别注意满足烫发、染发、吹发等多插座需要。

2. 美容院

随着人们生活水平的提高，美容院在今天日趋普遍。美容院主要以美容、美体为主要功能，主要

图4-65 美发店理发区

图4-65：美发店可以利用个性化的镜形、镜子四周的墙壁设计及理发工作台来增添特色。

图4-66 休息等待区

图4-66：在美发店的入口往往会设置休息等待区，在设计上可以放置本店的优秀产品，比如护理套装、染发颜色参考册等，有利于缓解消费者等待时的焦虑感，同时也让消费者了解美发店的特色服务。

功能区有接待及收银台（图4-67）、休息等候区、美容室、美体室、淋浴房、洗手间等。美容店的设计有以下几项要点。

（1）注意营造氛围。柔和的灯光、个性化的陈设、轻柔的背景音乐都能使消费者精神放松、心情愉悦。

（2）注意色调的把握。暖色中的浅色调，如粉红、粉橙、粉绿、粉蓝等粉色调系，能使人感到亲切和温馨，比较适合美容院的环境。

（3）前台或咨询厅光线宜充足，美容、美体区光线应柔和，以间接照明为主，少用或不用直接照明，避免给消费者刺眼的感觉。

（4）注重消费个体体验感。可以灵活运用隔断或屏风、垂帘，尽量为消费者创造出相对私密的空间。

图4-67　美容店前台

图4-67：冷色调的气氛令人压抑，使消费者在心理上产生抗拒感，必然不会成为长期忠实的消费者。暖色调平和舒缓，但过多使用暖色中明度和纯度较高的色彩，也会使消费者产生不适感。因此，整体色调与光线应较为柔和，以带给消费者更好的视觉感受。

本章小结

从不同的设计角度出发，商业空间有不同的形式。本章针对商业空间中的购物空间、酒店空间、餐饮空间和文化娱乐空间进行了空间功能、设计思路以及设计原则等方面的详细介绍，通过学习与认识，提升空间设计能力。不同功能的商业空间消费群体各有不同，设计风格也会有相应的区别。因此，在进行商业空间设计时，需要设计师充分了解每种商业空间的设计原则和设计要求。

课后练习

1. 购物空间的设计原则有哪些？请具体分类说明。
2. 酒店空间设计应遵循哪些原则？
3. 餐饮空间构思与设计前应考虑些什么？
4. 在酒店空间设计中，客房空间设计需要着重考虑哪些方面？
5. 实地考察一家KTV或健身房内部的空间设计，收集图片并进行交流讨论。
6. 对休闲空间进行设计时应注意些什么？作业数量：1份。将考察内容制作成PPT，进行汇报分享。建议完成课时：8课时。
7. 习近平总书记指出，谋划"十四五"时期发展，要高度重视发展文化产业。发展文化产业是满足人民多样化、高品位文化需求的重要基础。近几年，娱乐空间设计有哪些变化，请实地考察当地相关娱乐场所，并进行分析。
8. 根据国务院印发的《"十四五"旅游业发展规划》，我国旅游业目前正处于恢复上升期。旅游业的恢复发展，促进了相关观光型酒店的复苏。请通过网络查阅我国知名观光型酒店在空间设计上与其他类型酒店的区别，并举例说明。

第5章 商业空间动线设计

识读难度：★★★★☆

重点概念：动线设计、布局、流通

章节导读

各种类型的商业空间出现在现代消费者视野中，商业空间从以往单纯买卖东西的地方转变为多功能、一体化的新型商业空间，商业空间动线的规划显得尤为重要（图5-1）。

图5-1：大型商业空间的销售额，大多与动线设计有关，动线设计合理与否，是衡量商超设计好坏的首要标准。

图5-1 商超动线布局

5.1 动线设计基础

商业空间中的动线必须迎合消费者需求，能对消费者的行为进行指导，最终促进销售。

5.1.1 动线设计问题

商业空间最为重要的就是要营造消费者与商业空间的互动性与参与性。大多数商业空间由于面积过小或过大，没有合理分配动线层次，造成空间内布局缺乏逻辑，商品摆放混乱，商业气氛乏味、单调，消费者易感到疲劳、无聊，从而降低消费欲望。

动线设置增强趣味性固然能提高消费者的购买欲望，但是一味地追求空间趣味性，缺乏清晰明确的动线设置来引导消费者通行，就会导致消费行为混乱，让消费者在商业空间中不知所措（图5-2）。

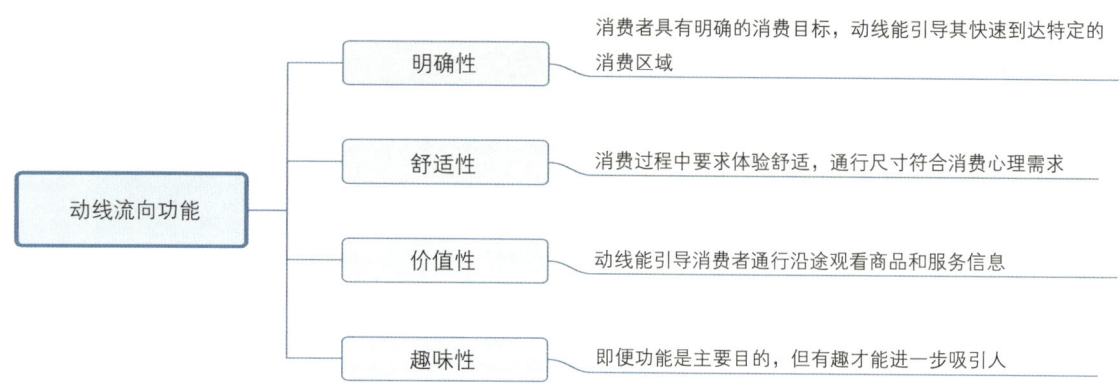

图5-2 动线流向功能

图5-2：商业空间中消费者对空间动线有明确要求，消费者会根据动线方向行进，需要适应消费的明确性、舒适性、价值性、趣味性四个环节。

5.1.2 主次动线流向

主次动线的划分主要看消费者的走动情况，主动线直通重要位置，次动线起连接作用，连接主动线与其他公共空间。对于动线规划的好坏，设计师要有清晰、明确的辨识。合理的动线设计，能够快速引导、分散消费者，能让有各自需求的消费者清晰认识到自己的需求，让疲劳的消费者有暂时休息的地方（图5-3~图5-5）。

图5-4 识别性差

图5-4：多层商业空间中的各层经营功能容易雷同，标识导向设计不明确，造成较高楼层无人光顾。

图5-3 布局混乱

图5-3：商业空间一向求大求全，容易造成空间内布局混乱，虽然内容丰富，但是内部流线不明朗，主线与支线的关系没有明显界定，造成部分区域无人光顾。

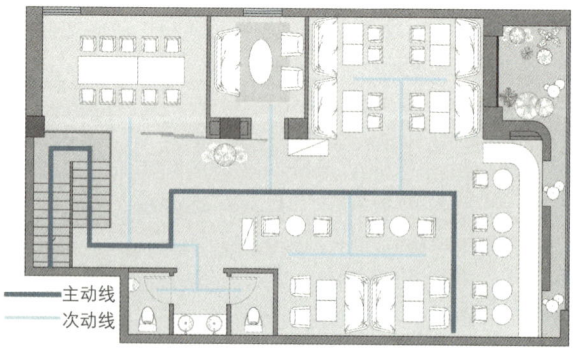

图5-5 主次动线对比

图5-5：主次动线的划分主要看人流走动情况，主动线直通主要空间，次动线起连接作用，连接主动线与其他辅助空间。

5.1.3 动线案例解析

1. 数码专卖店

数码产品销售的竞争很激烈,为了脱颖而出,在设计上要把握时尚前沿。苹果酷动专卖店以白色为基调,与深色产品外壳形成对比,强化了展示效果。白色还象征着环保、未来,给现代数码产品添加一层华丽的外衣。店内展柜、展台、展板等各种道具全部设计成开敞形态,一改将产品封闭、包围起来的传统模式,消费者能更直观地了解各种产品(图5-6、图5-7)。

高强度筒灯照明、亚克力发光灯片和大面积钢化玻璃橱窗提升了店内的采光,这些都能提升店面装修档次,吸引更多潜在消费者(图5-8、图5-9)。

2. 汽车专营店

汽车专营店的设计一般讲究大气,风格上尽量简约,让消费者将更多的注意力放在产品上。室内空间尽量空旷,以备随时展示各种车辆和配件(图5-10)。

这家专营店为了提升空间的利用率,使店内不显得拥挤,特将车辆停放在户外,利用过厅来连接,增加了消费者的选购行程,扩大了消费者的视野范围。为了在极简的构造中体现档次,采用高档装饰材料,如双层铝塑板、名贵大理石、不锈钢等各种加强、加厚、加大材料,减少构造中的接缝(图5-11~图5-14)。

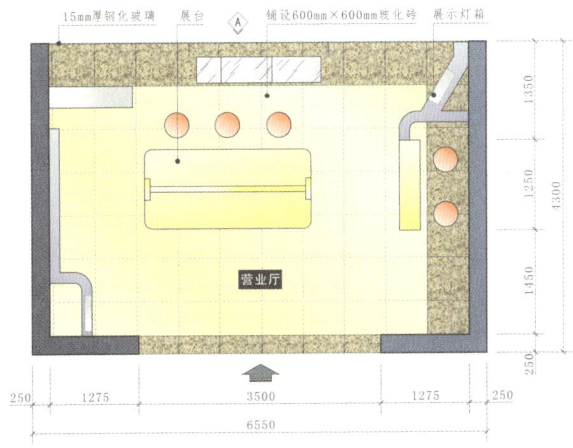

图5-7 数码专卖店平面布置图

图5-7:中岛式布局能让进店消费者环绕展陈台柜自由流动参观,全面了解商品。入口面积预留较大,能快速吸引更多消费者进店。

图5-6 数码专卖店店面设计造型

图5-6:商业空间外部造型简洁,采用大面积钢化玻璃封闭,视线通透,从外部向内看,内部空间与产品清晰明朗。虽然内部空间面积不大,但是中岛式台柜布局使动线清晰。

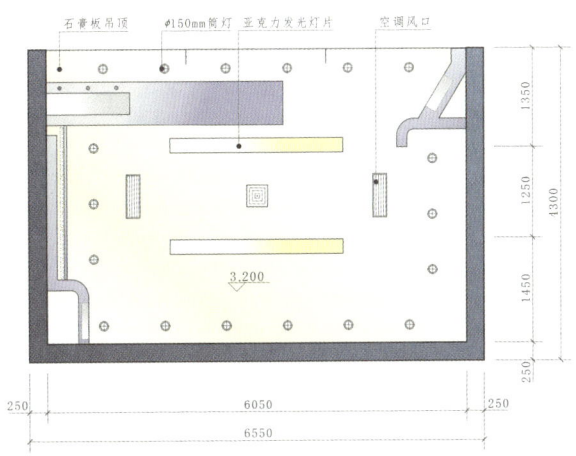

图5-8 数码专卖店顶面布置图

图5-8:顶面造型平整,灯具环绕在四周,除了照明墙面与展柜外,还清晰地指明交通流线。

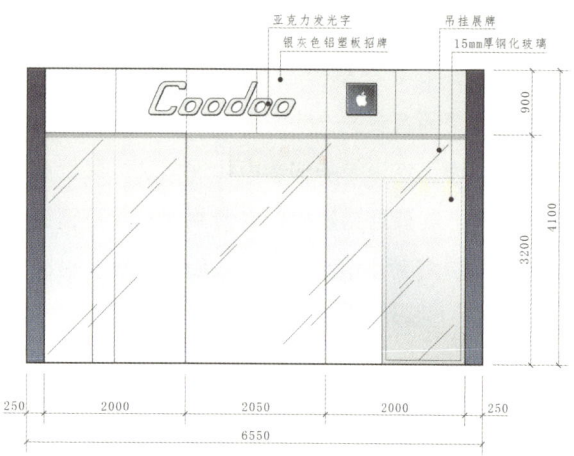

图5-9　数码专卖店A立面图

图5-9：封闭式玻璃幕墙虽然没有开设大门，但是视觉上的引导能让消费者快速寻找到室内正门。

图5-10　汽车专营店店面设计造型

图5-10：店面采用较复杂的机械感造型，采用铝合金成品条形板制作招牌底板，塑造机械感十足的设计风格，引导消费者对汽车品牌的认知。店面根据建筑结构采用大面积玻璃固定封闭，形成良好的展陈视野，抓住路人的视线。

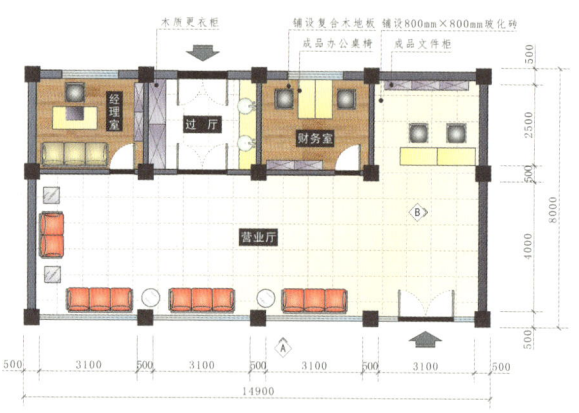

图5-11　汽车专营店平面布置图

图5-11：营业厅面积不大，但是形态方正，从大门进入穿过营业厅与过厅，能进入后院停车场看实车或试驾，动线引导明确。

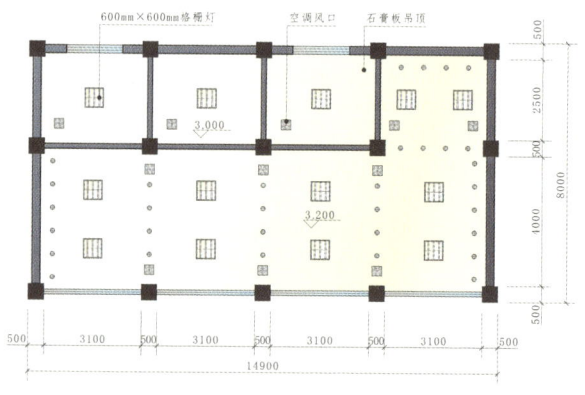

图5-12　汽车专营店顶面布置图

图5-12：顶面造型平整，灯具安装在柱点之间的横梁下，形成阵距照明效果，给矩形空间提供全局照明。

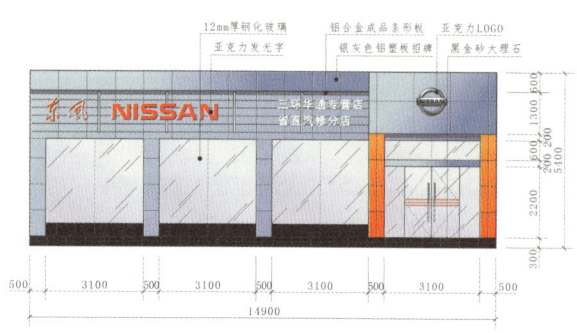

图5-13　汽车专营店A立面图

图5-13：店面配色上浅下深，具有稳重感，符合品牌营销理念，给消费者安全稳固的心理认知。

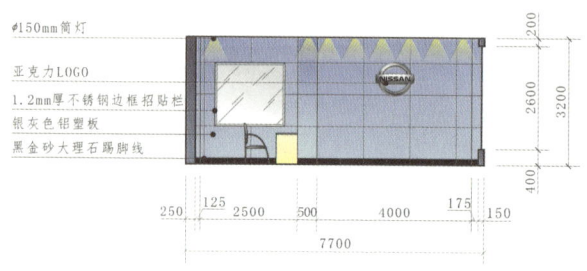

图5-14　汽车专营店B立面图

图5-14：室内主题背景墙进一步表明LOGO，提升品牌的识别度。空间预留空旷，形成一处短暂的聚集空间。

5.2 动线设计作用

动线的作用主要分为三点：一是能让空间中的每个角落发挥最大价值；二是能够带给消费者最舒适的体验；三是能够突出主题，充分展示商品。

5.2.1 发挥空间价值

繁华的商业空间寸土寸金，因此用动线将每一个角落的价值体现出来就显得尤为重要。让每一个角落都体现它的商业价值，让投资业主效益最大化是终极目标。发挥空间价值要考虑店铺的主要空间和次要空间，要放大亮点，让一个或两个亮点带动整个商业空间（图5-15）。

5.2.2 舒适的消费者体验

商业空间除了让投资业主有收益，还要让消费者有舒适的体验感，不仅要关注交易过程，而且还要关心消费者在整个消费过程中的体验感。

商业空间要盈利就要刷客流，刷客流最简单的方法就是在动线设计上，布局形态大多数为走完才能出去，这能使消费者必须在这条动线上走一遍，浏览所有店铺，这种被动方式虽然带来了客流，但是消费体验却很差。与之相反的是，设置灵活的动线规划，让消费者能够自由自在地去自己想去的地方，不用被动行走。这种方式虽然在消费引流上差一些，但是如果在动线设计上进行适当暗示，一样能够起到消费引流的作用（图5-16）。

5.2.3 突出主题、展示商品

在动线的设计上除了要灵活大胆外，明确主题也不可或缺，呆板的空间会让人感到乏味，因此要

图5-15 最大化利用空间

图5-15：建材超市的空间利用率很高，要求在有限空间中存放更多建材，多向高度要空间，这种利用方式能将储存量提高到4~6倍。同时，空间向高处发展了，走道的宽度也要相应提升，不仅要满足人的行走需求，还要满足运载车辆、器械的通行，动线呈井格化布局，预留宽度为2400~3600mm。

图5-16 消费引流

图5-16：仓储式超市的动线设计多为井格化，但是有明显的主流线与分支流线。促销商品都集中在主流线上，分支流线上划分区域来分类展陈商品，部分商品会与主流线上的商品重复，给消费者带来视觉重复记忆，达到消费引流的目的。

给每个空间不同的设计。动线设计如果能够将趣味性融入进去，就能增强空间与消费者的互动，增加消费者的逗留时间。

商业空间最终的目的是销售商品和服务。在设计动线时，要注意让消费者将目光聚集在商品上，能够让消费者对商品和服务提起消费欲望。突出主题最简单的方法就是将商品集中堆放，形成有序的密集排列状态，其中特别突出部分热销商品，让消费者在选购时有心理安全感（图5-17~图5-19）。

5.2.4 动线案例解析

花店店面招牌采用彩色涂层钢板，显得更加平整，装饰构造也更简单，深黑色招牌是为了衬托出红色亚克力发光字，搭配不仅新潮而且醒目（图5-20）。

室内装饰以田园风格为主，采用实木材料，强化灯光照明。商品种类繁多，不再限于传统鲜花，加入更多的绿色观叶植物，并同时售卖种培工具，这些都使店内陈设富有生气。小面积店面装修的创意源，还来自经营商品的种类，种类繁多的店铺容易设计，种类单一的店铺可以将有限的商品细化分类（图5-21~图5-25）。

图5-19 密集排列与走道

图5-19：将商品紧密排列在货架上，再将货架集中靠墙或窗，并设计分支动线走道，与主动线走道形成呼应。设定畅销商品靠墙，热销商品居中，这样能充分利用走道空间。

图5-17 突出家具　　图5-18 纵向高度展陈

图5-17：商业餐饮空间的菜品是即时消费品，可以将餐具排放在桌面上，形成密集的陈列效果，让前来就餐的消费者在心理上产生安全感，认为来就餐的肯定不止自己。

图5-18：主动线上的商品展陈多为纵向高度摆放，即将一种商品从高到低竖向重复摆放，方便消费者在动线行走过程中快速浏览、比较商品，在心理上意识到该商品路过就不再有。

图5-20 花店店面设计造型

图5-20：外部招牌简洁有层次，店面名称向外突出，结构更加醒目，门前整齐放置各种绿化植物，引导消费者进店。门前预留停车位满足装卸货的需要，运用大面积幕墙玻璃与玻璃地弹门，保证店内深度空间采光。

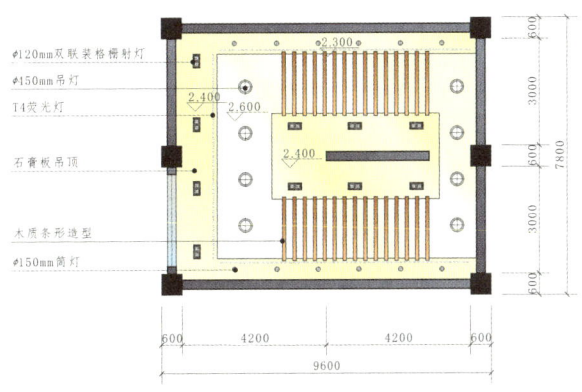

图5-21 花店平面布置图

图5-21：中岛式布局形成多重货柜，消费者在店内可以自由穿梭，各种新奇的花草商品不断吸引消费者的目光，能在短时间内完成店内各个角落的参观。

图5-22 花店顶面布置图

图5-22：梁架造型吊顶模拟出花架与长廊庭院造型，让消费者有身临其境的感受。

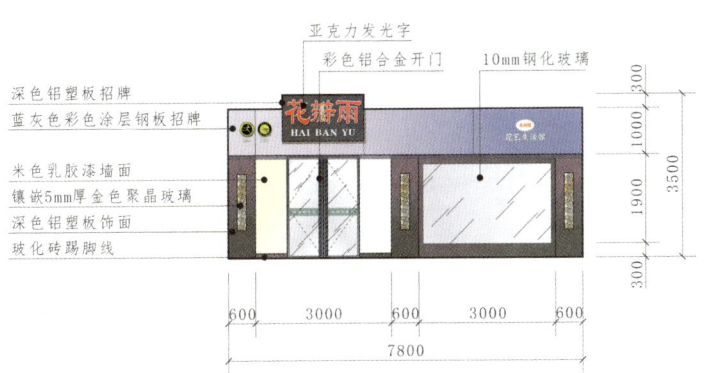

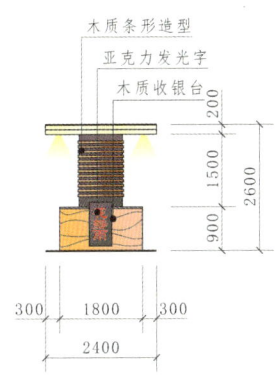

图5-23 花店A立面图

图5-23：店面招牌设计为多层次，形成强烈的立体效果。

图5-24 花店B立面图

图5-24：深色木质条纹造型方便挂置各种花草植物。

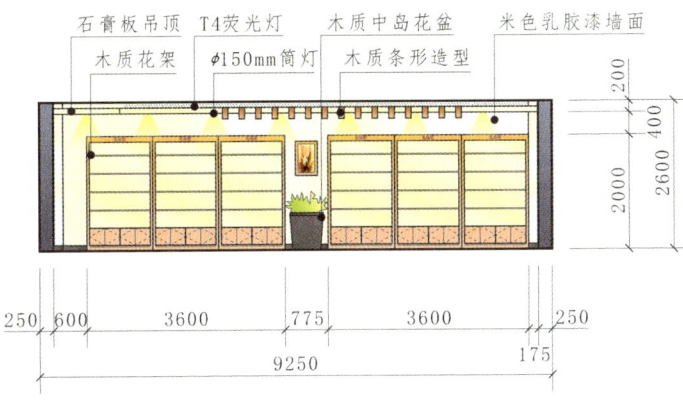

图5-25：靠墙货架呈开放状，能陈列大量花草商品，中岛花盆是岛形台柜的核心，是动线环绕的重点。

图5-25 花店C立面图

5.3 动线引导方法

商业空间中消费者的流动行为主要分为目的性流动和自由性流动。目的性流动空间要求设计开阔，能满足消费者快速移动的需求；自由性流动空间设计紧凑，疏密得当，消费者能够灵活把握。

5.3.1 目的性流动

目的性流动是消费者在商业空间中面向消费目标的移动，如目的明确地用餐、购物等。这类消费者在行动之前就已经有明确的目标（图5-26～图5-29）。

有目的性的消费者，他们希望能够以最快的速度和最高的效率达到消费目的，然后快速离开。因此，他们会通过辨认标识从而找到最短的动线直达目的地，通常为两点一线的方式，动线形态多为"Ⅰ"或"L"形，这种动线设计就要求便捷、可

图5-26　灯光投射

图5-26：有展示形式的商业空间中，常使用灯光投射到地面上，灯具上的灯罩内有文字遮板，能将图文信息精准投射到地面上，形成有目的性的动线标识。

图5-27　超市中的走道

图5-27：超市中比较宽阔的走道宽度会达到1600mm以上，这些走道由整齐的货柜排列组合而成，有目的地引导消费者快速前行，深入到超市中分支流线的交叉口，再进行分流。

图5-28　博物馆展陈动线

图5-28：展陈动线设计要求较高，需要在有限空间内打造出更长的观展路线，延长参观时间，多会采用环绕式动线设计。

图5-29　固定标牌

图5-29：固定标牌会出现在主要动线走道旁，如电梯、楼梯旁，消费者会去看自己所在的位置，了解商业空间的门店名称与方位。

达、高效。但是这种动线行为方式受商业空间的经营性质不同的影响，出现的比率也不同，需要事先进行调查，再从事设计。

5.3.2 自由性流动

自由性流动是指消费者在商业空间中随意走动，并没有明确的目标，这类消费者多在商业空间中闲逛，顺便购买个人所需（图5-30、图5-31）。

自由性流动消费者比目的性流动消费者要多，这类消费者在商业空间中会无目的闲逛，视野也飘忽不定，行走的动线、方向不受约束。消费者对动线的要求具有体验感和参与性，因为他们没有充足的购买欲望，因此要在动线规划和商品展示上下足功夫，激发消费者的购买欲望，同时营造出舒适、温馨的氛围。

5.3.3 动线案例解析

1. 软装布艺店

布艺是现代室内空间装饰中的主要元素，逐渐衍生出更为丰富的内容。软装布艺店面招牌以米白色为主基调，配以纹理丰富的深色大理石柱，突出店内素雅、讲究质感的整体氛围。大块的玻璃墙面，配以近年来流行的线帘，若隐若现地将室内的商品展现于人，增添神秘感，可以吸引潜在消费群体进店观赏、购物。店内面积开阔，围绕中央卫生间和收银台展开，并设计独立样板间，使商品展示效果更直观，营造了良好的销售氛围（图5-32～图5-37）。

2. 箱包店

箱包店追求大方、稳重的装饰风格，以红、黑两色为主，透露出高贵、神秘的创意灵魂。商品展

图5-30 回廊走道

图5-30：回廊走道多见于综合商业空间的二层以上，回廊周边为多种商业门店，消费者在回廊上行走时，能自由进入各个商业门店浏览、消费。

图5-31 中岛形货柜

图5-31：规整的中岛形货柜在面积较小的店面中比较常见，消费者环绕货柜自由选择，流通动线统一，但是中岛形货柜与周边靠墙柜容量巨大，满足随机选购的心理需求。

图5-32：根据建筑外墙结构特色，店面造型设计具有欧式古风效果，采用石材与外墙石质漆搭配，庄重大气，能吸引中高端消费者光临。

图5-32 软装布艺店店面设计造型

图5-33 软装布艺店平面布置图

图5-33：动线布置为回廊式，环绕中央收银台和卫生间，正时针环绕一周。为了提高空间档次，在环绕一周的末端提升地面高度，设计出样板间。

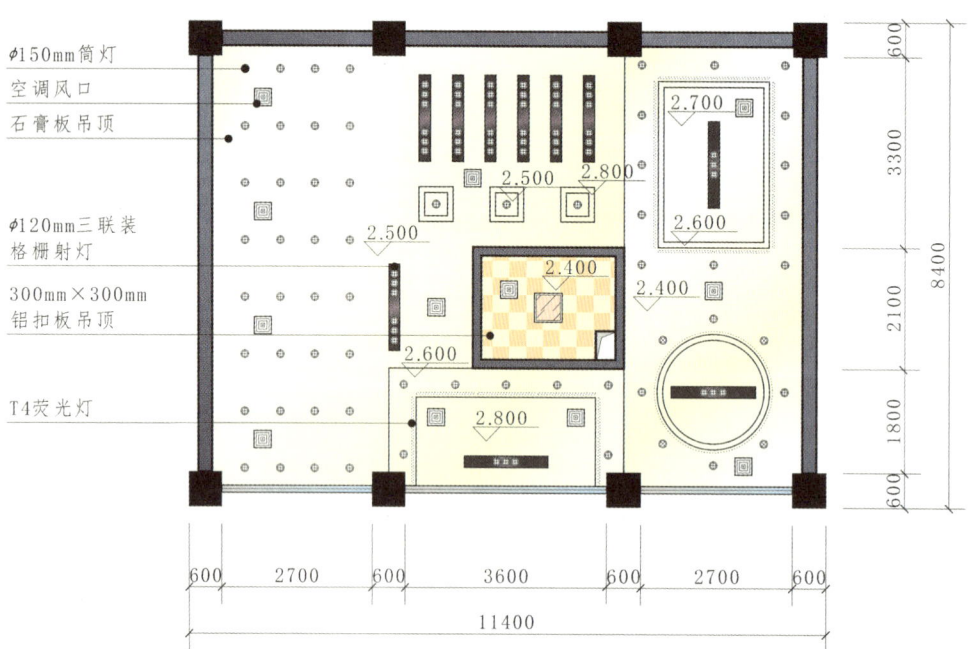

图5-34 软装布艺店顶面布置图

图5-34：灯具布置丰富，所有灯具呈均衡排列状态，对室内空间进行全局造型，充分提高照度来展示商品的质感。

第5章
商业空间动线设计

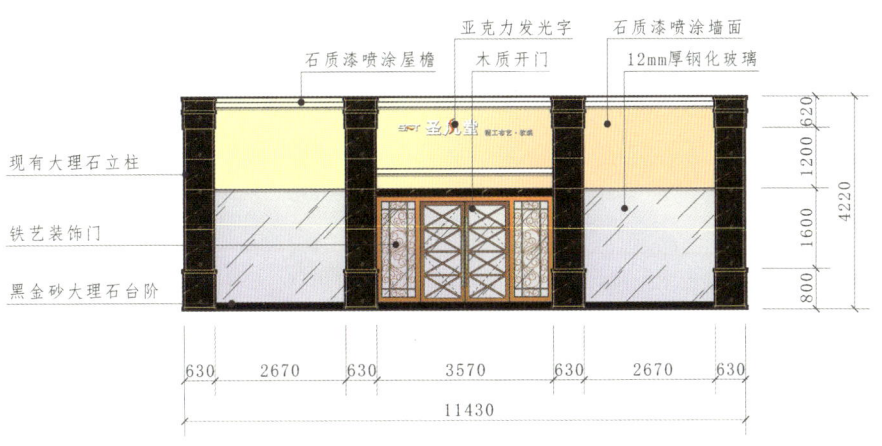

图5-35：店面招牌设计与建筑外墙融合为一体，避免在外墙上增加灯箱而显得过于普通。

图5-35 软装布艺店A立面图

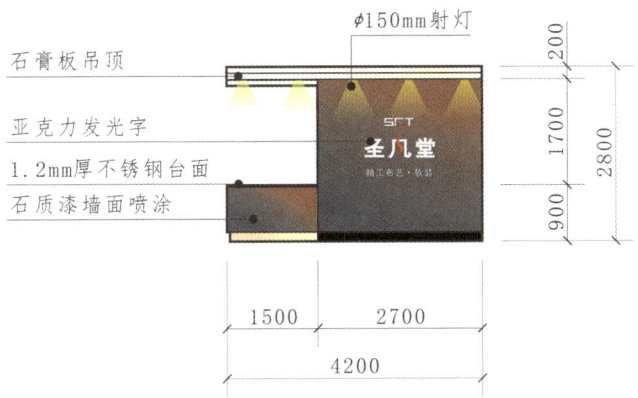

图5-36 软装布艺店B立面图

图5-36：入口后的主题墙采用与建筑外墙质感相同的石质漆，只是色彩更深，在灯光照射下具有更强的明暗对比。整体色彩层次从下向上形成由深到浅的变化，搭配白色发光字，表现出鲜明的层次，让进店的消费者能深刻记忆品牌名称。

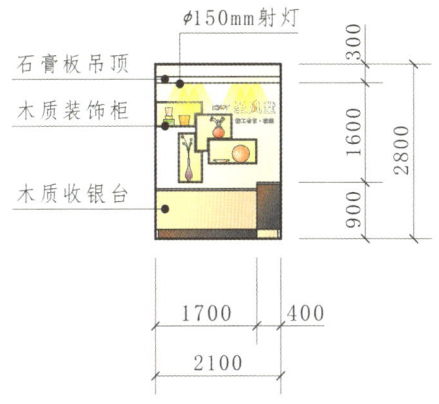

图5-37 软装布艺店C立面图

图5-37：收银台背景墙设计木质装饰柜造型，放置造型独特的家居陈设品，供消费者在结账时随机选购。收银台也是环绕动线一周后商品成交的终点，在动线设计上要考虑预留交谈的空间。

示富有规则，局部照明充裕，全力体现出商品的质感，最大化利用有限的营业空间。

黑色高光铝塑板和橘红色聚晶玻璃反射环境光，提升了店内的照明效果，而柔和的米色壁纸和暗藏荧光灯衬托出商品的质感。这类店中的装饰设计要从品位上超越非凡，单靠堆砌大量商品来吸引消费者的时代已经过去（图5-38～图5-43）。

图5-38 箱包店店面设计造型

图5-38：全玻璃店面，内部进深较浅，品牌标识造型较小，更多在突出货柜中灯光与商品，采用红色与黑色搭配，运用灯光暖黄色来提升对比，形成高亮的视觉效果。

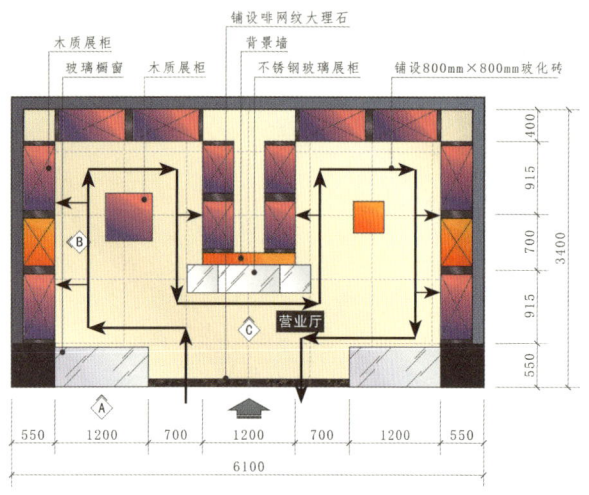

图5-39 箱包店平面布置图

图5-39：动线布置为双回廊式，消费者环绕中央立柱与收银台形成的双环绕动线，能轻松浏览店内所有商品。

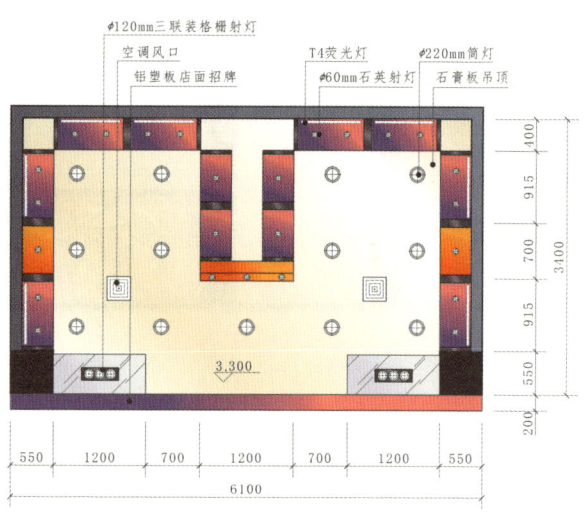

图5-40 箱包店顶面布置图

图5-40：顶面灯具均匀分布，货柜中的筒灯与荧光灯是照明的重点。

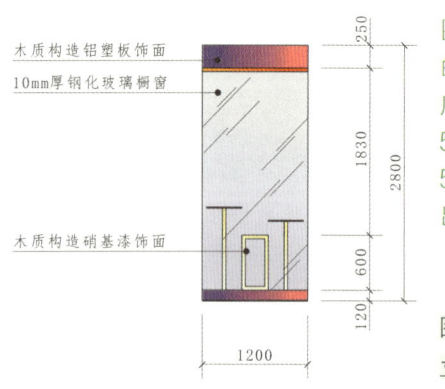

图5-41：简洁的橱窗仅遮挡门店出入口宽度的50%，保留剩余50%出入口满足出入。

图5-41 箱包店A立面图

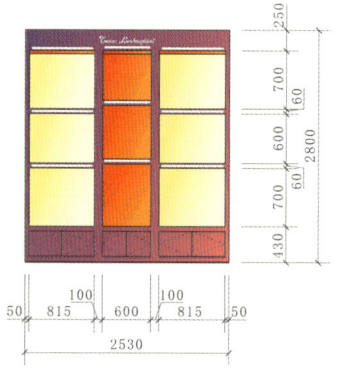

图5-42：货柜造型宽大，便于消费者快速浏览柜内商品并拿取。

图5-42 箱包店B立面图

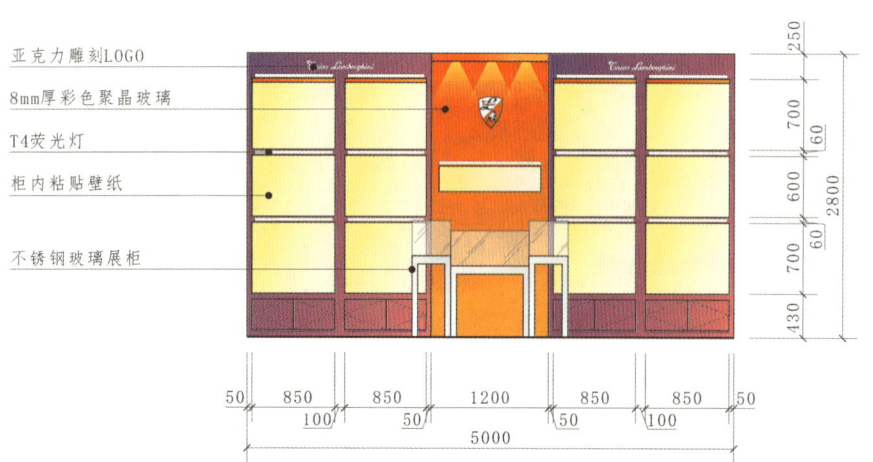

图5-43：前台整体造型呈对称状，包裹立柱划分为店面内左右两个区域，让面积不大的店内动线变得复杂，增大浏览价值。

图5-43 箱包店C立面图

5.4 动线设计原则

商业空间对动线设计要求严格,动线设计具有明确的设计原则,要按原则来完成道路交通规划,动线设计原则以经营方向为主导,能最大程度地表现商品的展陈效果。

5.4.1 可达性

商业空间动线的类别很多,如"L"形、"U"形、"F"形、"O"形、"一"形等,有的商业空间会根据经营性质降低设计动线的可达性,以达到快速吸引客流的目的,但是对于餐厅、咖啡厅等商业空间,对于可达性要求比较高,在动线规划时要将可达性放在首位。

在桌椅布置复杂的餐饮空间中,可达性要与可见性相结合,只有见到了消费目标,才能达到消费者所期望的消费目的。桌椅摆放虽然密集,但是在布局形态上却划分为多个矩形区域,利用走道来分隔,保障每个区域都能顺利到达(图5-44)。

5.4.2 可见性

商业空间大小不一,大空间如百货商超、超市、酒店等,小空间如甜品店、奶茶店、花店等,以及开在大商场中的小餐厅,开在户外街边的小商业空间。动线设计中的可见性是指消费者临街能清晰看到店内场景,通过大面积玻璃幕墙来引导消费者视野,进店后的走道与家具台柜保持一致。尽量增强可见性,增加客流,通过动线的设计让店内尽可能多的商品展示出来(图5-45)。

5.4.3 识别性

如果消费者在购物的过程中无法确定自己的位置,就会迷失方向。因此在设计动线时,就要提高动线系统的秩序感,增强识别性,让消费者不至于迷失在空间中。增强识别性的方法是增强主动线的通达程度,此外还可以将导视系统融合到动线中,

图5-44:桌椅比较密集的就餐区,走道设计应当非常精准,高档餐饮空间就餐人数不多,走道可预留较窄,宽度600~800mm即可,餐厅最大入座率不超过60%,即使走道较窄,也能通过桌椅的紧凑摆放来保证可达性。

图5-44 走道设计

图5-45 临街店面

图5-45:除了宽大的玻璃幕墙或推拉门外,就是店内走道,进门后的流通走道要多方向延伸,搭配台柜来引导消费者的行动与视线,将店内更多空间展现在消费者眼中。

图5-46 矮墙标识

图5-46：通过墙面彩绘对矮墙进行装饰，通过箭头造型来指明动线方向，适用于比较紧凑的狭窄墙面。

图5-47 装饰墙板标识

图5-47：面积开阔的墙面可以在护墙板上安装雕刻图形，通过流畅、连贯的图形来引导消费者前行。

增强整体感（图5-46、图5-47）。

5.4.4 动线案例解析

现代男装专卖店店面装修不断升级，追求高端男装品质，深色招牌能体现出传统男装的主导色。室内地面铺设浅色玻化砖，以白色吊顶相呼应，墙面装饰以米色、褐色为基调，搭配构造简约的隔板。灯光隐藏在灯槽构造中，以石英射灯为主，从而避免产生炫光。商品种类少而精，以金属衣架陈列为主，营造出轻松的消费环境。这类专卖店的面积一般为60～120m^2，以大面积玻璃橱窗为主要消费向导。入口向内收缩是设计亮点，不仅能在消费者出入时遮阳挡雨，还能提升品牌的神秘感（图5-48～图5-53）。

图5-48：店面入口设计为内凹造型，引导消费者快速进店消费，同时能利用外凸橱窗，将商品模特最大化向外展示。

图5-48 现代男装专卖店店面设计造型

第 5 章
商业空间动线设计

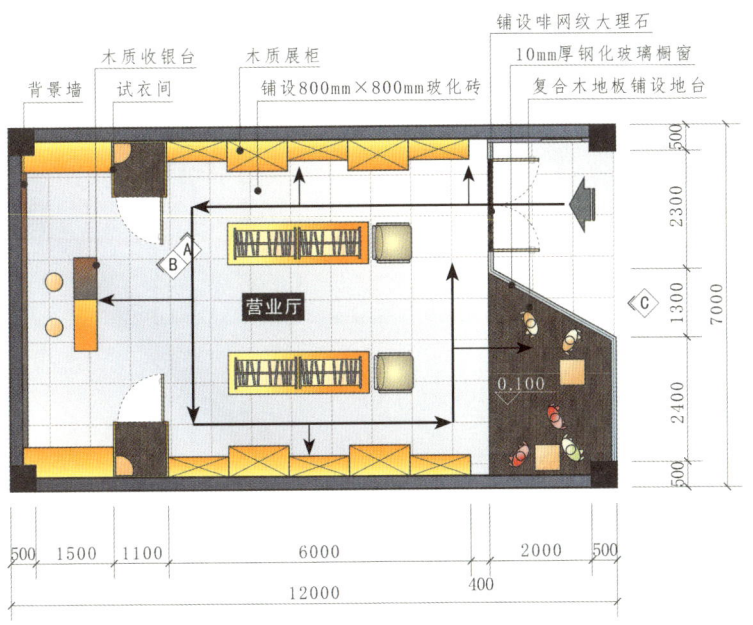

图5-49：动线主轴回旋，分支动线能涉及的区域更多，橱窗区深度较大，是吸引消费者的最佳布局。

图5-49 现代男装专卖店平面布置图

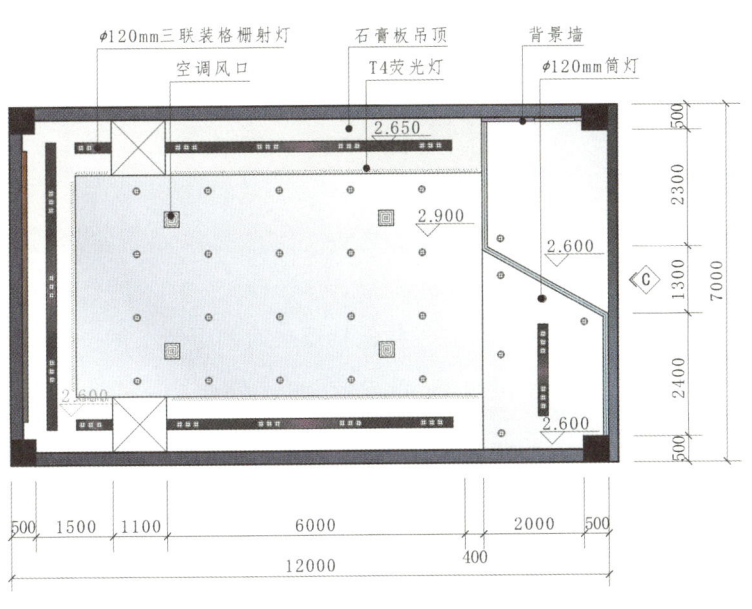

图5-50：灯具布置丰富，周边为高亮射灯，集中照明墙面与商品台柜，中央均匀布置筒灯，保证全局照明效果。

图5-50 现代男装专卖店顶面布置图

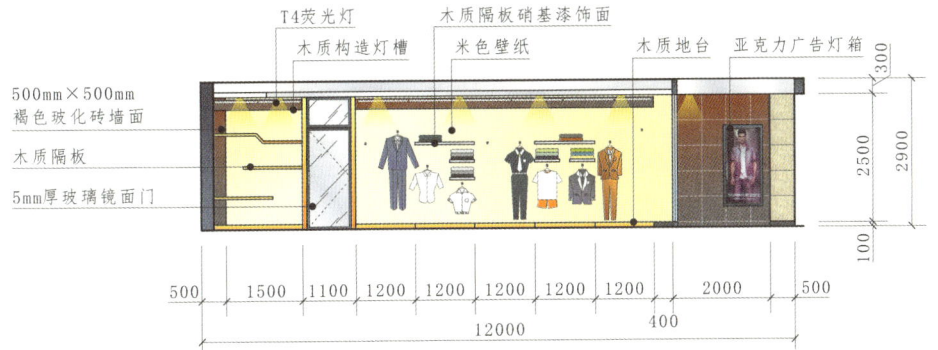

图5-51：定为高端品牌的店内商品数量较少，呈完全展开状态，减少货柜与货架，让商品质感不受台柜遮挡。开放式货架展陈也是室内动线引导的最佳方式，能引导消费者快速浏览，提高消费效率。

图5-51 现代男装专卖店A立面图

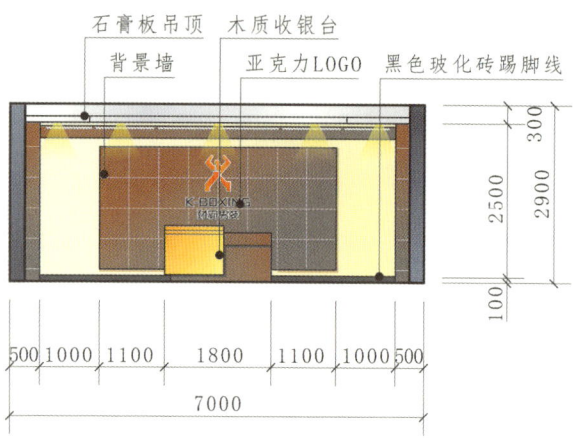

图5-52 现代男装专卖店B立面图

图5-52：主题墙造型为体块状，突出主题LOGO，建立完整的形象标识。收银台为体块交错造型，搭配深、浅两色形成对比。

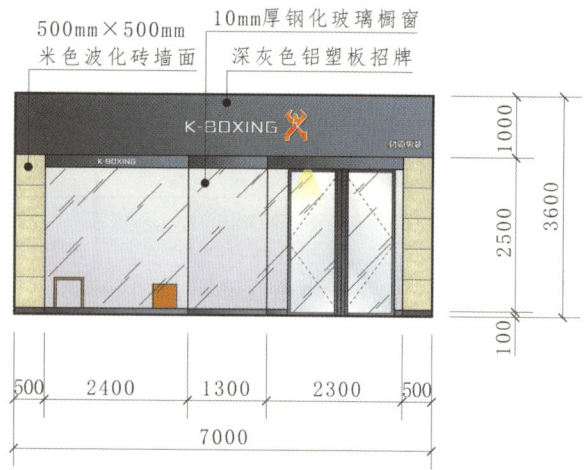

图5-53 现代男装专卖店C立面图

图5-53：外部招牌表面平整，突出橱窗的采光效果，选配灰色作为招牌底色，满足男性为主导的消费群体。

5.5 动线规则细节

商业空间中的动线复杂，要从宏观入手，先将大动线规划好，再进行局部动线设计，动线设计要合理规范，就要遵循动线规则，将动线形式感做得更细致。

5.5.1 圆角优于直角

在商业空间设计中，圆角比直角更能够在平缓状态中悄然改变消费者的行进路线，同时在视觉上也存在缓冲区，不会如直角一般让人感到疲惫。尤其是商品陈设，圆角空间会让消费者更愿意前去，并保持更长时间逗留（图5-54～图5-57）。

5.5.2 长度适宜且明确

大型商业空间中的动线规划更为复杂，有的因为前期设计不到位，会出现过长动线，如果在这种动线的周围不进行优化设计，就会让消费者感到单调、疲乏。功能分区与动线规划应相辅相成，两者之间相互协调就能使动线更出色（图5-58、图5-59）。

图5-54：弧线吧台引导消费者缓步前行，在面积不大的空间内获得更多兴趣点。

图5-55：直线吧台引导消费者快步前行，适用于纵深较大的空间。

图5-54　弧线吧台

图5-55　直线吧台

图5-56　圆弧展示柱

图5-57　圆角景观坛

图5-56：柱子原本是方形的，现在外部装饰成半椭圆形，形成圆角展陈橱窗，引导消费者在此停留，从多个角度都能观赏商品与场景。

图5-57：对景观坛进行圆角处理，能引出多个分支流线，引导消费者在分支流线中仔细观赏商业空间中的景观造型。

图5-58　多层长廊

图5-59　圆弧走道

图5-58：多层环绕长廊形成固定景观造型，在视觉上有较大的延伸。

图5-59：在运动品牌商业空间中引入跑道造型，能将主动线无限延伸，长度根据具体空间面积确定，在主跑道的造型上还能引出多个分支动线，将消费者引导到各品牌专柜。

5.5.3 曲直结合

在以直线走道为主的商场中,线条干净、整洁大方,能够设置更多的店铺数量,但是从动线上来看,这种毫无变化的结构会显得单调枯燥,仅能展示部分店铺商品,无法突出个性。

如果让曲面和直线相结合,就会产生意想不到的效果,能增加现代感与科幻感,让人感到舒适、放松,在店面陈设上使用这种方式也会更加有亲和力(图5-60、图5-61)。

图5-60 横梁结构

图5-60:曲直结合的横梁构造具有强烈的科幻色彩。

图5-61 装修构造与台柜对比

图5-61:吊顶与地面铺装造型为曲线,展陈台柜造型为直线,两者结合形成形态对比,丰富主体动线中的视觉效果。

5.5.4 动线案例解析

将西饼店的主色调定为墨绿色,这在烘焙店业界是不同凡响的创意设计。墨绿色代表着财富、阳刚、传统、质地、自然。西饼专卖店的陈设、包装、设备、服装、灯光及背景音乐等环节给人营造一种精致生活的氛围。由于消费群体定位高,店面设计风格极为简约,倾向于高档服装店,提出少而精的布置理念(图5-62)。

成品恒温货柜是主要展示道具,米色墙面装饰仍能体现西点特征,高档轨道射灯、不锈钢型材在同行的门店也很少运用。此外,宽敞的购物环境和优质的服务态度也是彰显格调的重要因素(图5-63~图5-66)。

第 5 章
商业空间动线设计

图5-62：粗糙的水泥板搭配真石漆制作店面招牌底板，营造出糕点的蓬松感，与主题LOGO招牌形成质感对比。

图5-62 西饼店店面设计造型

图5-63：主动线逆时针回旋，店内所有功能区沿途布置，消费者在店内的流线功能为：观看制作—选取—付款—品尝—打包，将所有功能区有条理地组织起来。

图5-63 西饼店平面布置图

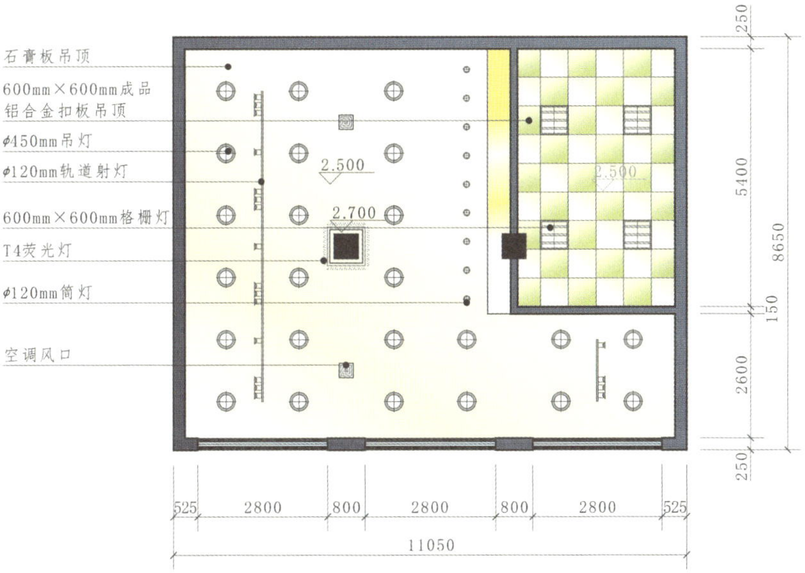

图5-64：灯具布置多样化，将不同规格的筒灯、射灯交替排列，营造出主动线上的明暗对比效果。

图5-64 西饼店顶面布置图

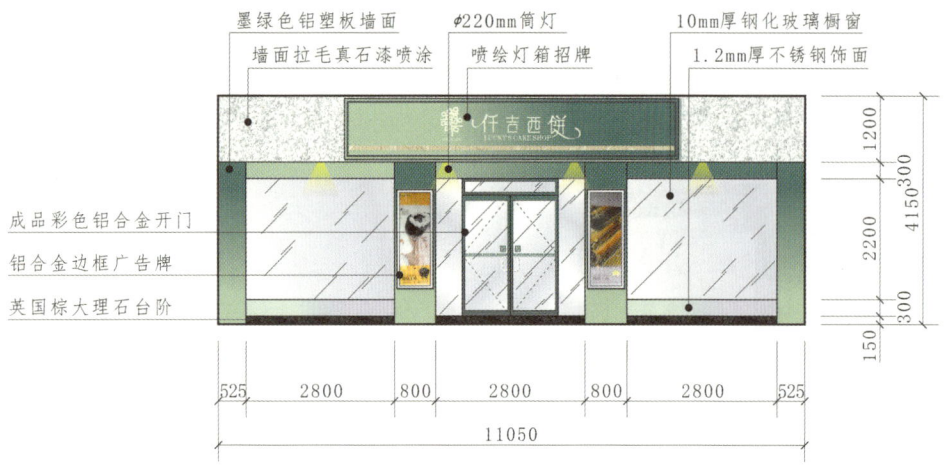

图5-65：定为高端品牌的西饼店在视觉上与众不同，打破常规，用绿色做基调，大面积的玻璃激发消费者的好奇心，引导消费者向店内观望，肌理质感的装饰材料强化了视觉对比效果。

图5-65　西饼店A立面图

图5-66：店内展柜布局沿着主动线延伸，提高商品的展示容量，搭配产品图片引导消费者寻找对应商品，在动线上营造出商品特色。

图5-66　西饼店B立面图

5.6　动线类型把控

　　商业空间设计要把美学、功能、可持续性完美结合，以满足消费者、品牌、产品的需求。在考虑各种文化变量、社会局势和经济利益的同时，还要关注色彩、材料、灯光、温度控制、声音和香气等因素，这些因素都是现场体验的重要组成部分。为了设计出成功设计，设计师需要优化空间，传达特定的理念或信息，以创造创新的产品陈列和组织方式，进而吸引更多消费者，提高流通效率，并留下难以忘怀且可复制的积极体验。动线设计类型主要可以概括为：流水式、自由式、环岛式、网状式、双通道式、单通道式、其他分布。

5.6.1 流水式

流水式动线设计会让消费者沿着固定方向行进，在途经空间中的各角落时，都能实现无死角。但是动线设计很长，消费者的体验就会很差，这种动线设计主要用于大型超市（图5-67~图5-69）。

5.6.2 自由式

自由式动线设计没有固定的行走流向，是一种多方向、多线路的动线设计，趣味十足。但是这种设计易出现死角，需要细化主题设计（图5-70、图5-71）。

图5-69 巴塞罗那，米蒂斯旗舰店

图5-69：在改造时，原有墙壁被保留，同时营造出新的空间，创造"满"和"空"的组合，顾客可以自由游览体验。随着视角的变化，拱门的弯曲形状带来不同的感受。

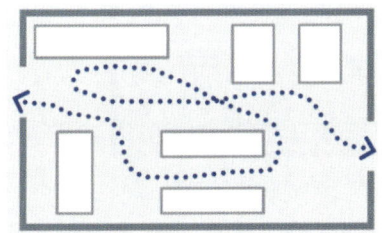

图5-67 流水式

图5-67：其目标侧重于将消费者引导到与新产品、畅销商品或提供折扣产品和促销产品等相关的某些区域。

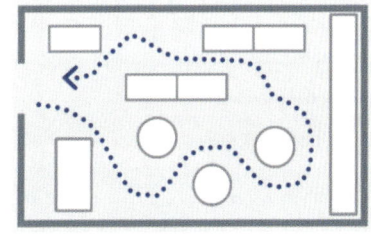

图5-70 自由式

图5-70：目前，有许多商店采用这种分布方式，让消费者能够自由走动，规划自己的路线，同时探索和发掘自己感兴趣的产品。

图5-68 巴塞罗那，Vasquiat展示间

图5-68：为了适应并突出Vasquiat产品的临时性和不断变化的特殊性，设计者设计了像轨道一样环绕店面的展台，创造出360°的动态环线。

图5-71 自由式服装店

图5-71：人流动线没有固定的流向，可以多线路、多方向自由流动，就像漫步在花园中。

5.6.3 环岛式

环岛式人流会围绕着中间的主力部分旋转，这种设计常见于面积开阔的大型商场。摆放的商品多为畅销品（图5-72）。

5.6.4 网状式

网状式人流选择路径的自由度较高，网状式分布的商品便于存储，使展示空间主题看起来具有较好的条理性，但是由于缺乏主线路的规划，会给人们带来无所适从的感觉（图5-73）。

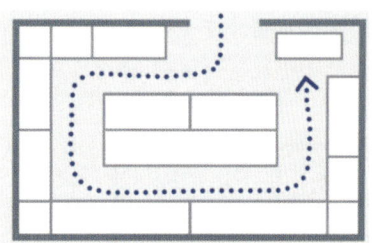

（a）环岛式

（b）食品柜台

图5-72 环岛式流动线

图5-72（a）：尽可能多地展示产品，为消费者和日常商店员工创建易于分割的路线。提供一条简单的路径，开始和结束位置十分清晰。

图5-72（b）：从场所入口处，流线从展览和自助服务区开始，围绕着一个水平冰柜环岛布局，周围有立式冰柜，产品分类为红肉、鱼类、海鲜、蔬菜、水果、烘焙食品、冰淇淋。

（c）不可思议的书店

图5-72 环岛式流动线（续）

图5-72（c）：将消费者包围在一个立方体中，该立方体被包围在枫木元素材质中，使内部程序有序和系统化。中央的桌子设计成为一个大型展览品，扩大了空间的深度。

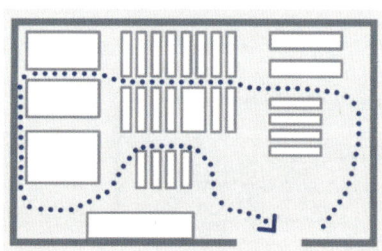

（a）网状式

（b）酒店

图5-73 网状式流动线

图5-73（a）：网状布局有助于储存商品，但是会给动线设计带来阻碍，导致动线不清晰。

图5-73（b）：陈列商品较多，但动线中的流通走道宽度较小，适用于酒店销售地域特色旅游纪念品或文创商品。

（c）电子和家用电器零售连锁店

图5-73 网状式流动线（续）

图5-73（c）：店内的布局分为多个商品板块，商品体积小，故而集中陈列，网状动线具有秩序感，方便消费者选购。

5.6.5 双通道式

双通道式适用于宽度较窄，但长度较大的空间，如临街的花店、服装店等。双通道式的优点是通透性较好，能提高空间的可见度，充分利用可使用面积，但是如果对空间尺寸把握不准，就会显得拥挤（图5-74）。

5.6.6 单通道式

单通道式常见于小型店铺中，特别是较狭长的空间多采用单通道式，类似精品店、鞋帽店等。单通道式的动线因为环境制约的关系会非常简单，可达性与可见性也非常高，几乎没有死角（图5-75）。

图5-74 双通道式

图5-74：临街服装店开间较窄，双通道中央可以摆放较窄且低矮的货柜，在视觉上能拓展店面空间的宽度。

图5-75 单通道式

图5-75：单通道鞋店开间更窄，注重墙面装饰造型设计与主题形象表达，弱化商品展陈。

5.6.7 其他分布

每种分布形式都会影响顾客流动，家具的各种布置也是如此（图5-76～图5-78）。应该合理布置家具以产生最舒适的体验，实现空间和谐。例如，对角线放置设备可以提高产品的可见性，混合布置允许在单个空间中组合不同平面图的元素，而角度布置则侧重于具有圆形设计或圆桌的单个空间，通常适用于高端产品。

（a）蜿蜒式

（b）商店（蜿蜒式）

图5-76 蜿蜒式流动线

图5-76（a）：蜿蜒式动线让空间显得更灵活，货架与台柜自由分布，适用于面积较大或商品较少的商业空间。

图5-76（b）：蜿蜒式商店既可以是走道蜿蜒，也可以是展台、货柜蜿蜒，整体空间造型自由。

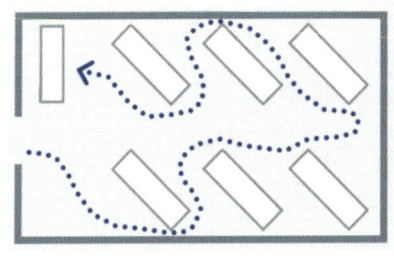 

（a）递进式　　　　　　　　　（b）商店（递进式）

图5-77　递进式流动线

图5-77（a）：递进式动线布局具有规整感，适用于展示系列化商品，动线选择自由。

图5-77（b）：递进式空间布局使店内情况一目了然，通过序列感较强的货柜，消费者能快速找到目标商品。

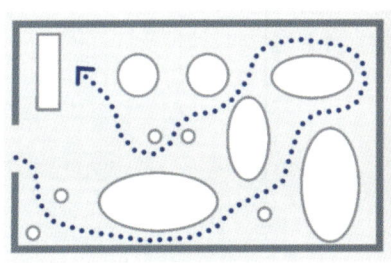 

（a）环绕式　　　　　　　　　（b）商店（环绕式）

图5-78　环绕式流动线

图5-78（a）：环绕式动线布局随意自由，适用于商品量较少的中高端商店，消费者在店内行走自由。

图5-78（b）：环绕式商店注重消费体验感，可随意停留，动线走向由消费者自己把控。

5.7　动线设计案例

根据上述内容，下面介绍两项商业空间动线设计案例，对动线设计与商业空间布局改造进行深度分析。

5.7.1　异域风格轻食咖啡厅

这项方案定位的商业性质是轻食咖啡厅，餐厅面积为1172m²，室内格局主要为仓库、大厅、休息区、工作间、休息室。主要装饰材料为地砖、乳胶漆、钢化玻璃、胶合板。整体空间分为两层，对原始建筑结构进行彻底改造，获得科学严谨的动线规划（图5-79～图5-86）。

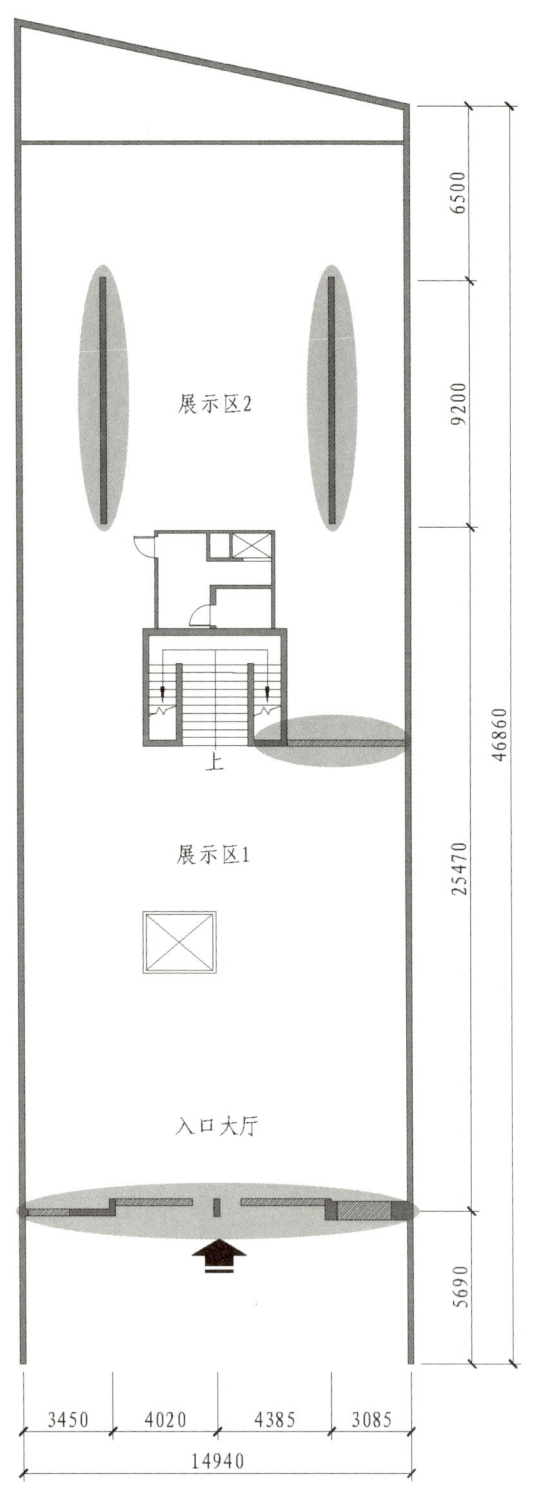

图5-79 一层改造前

图5-79：将原本的运动品商店改成轻食咖啡厅，要做较大改动，要重新划分功能分区并做动线设计。不需要橱窗，入口大厅的功能可以进一步考量。

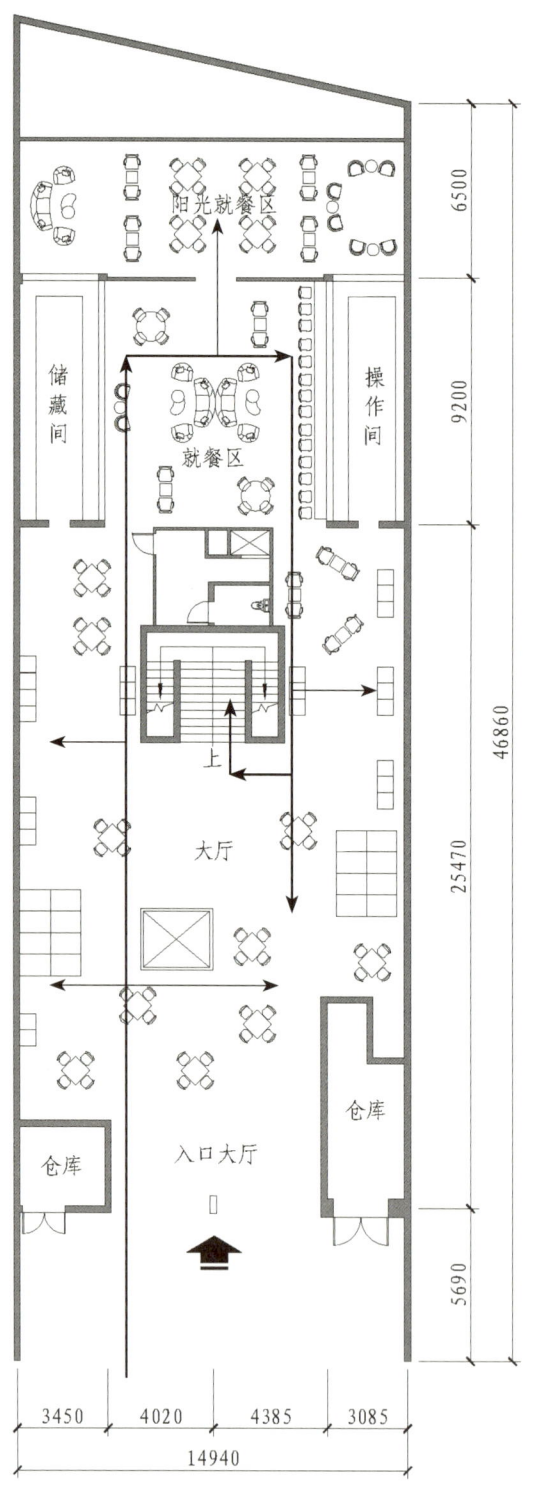

图5-80 一层改造后

图5-80：增加了厨房操作间与仓库等，大厅的座椅布置采取灵活多变的形式，可以根据需要增减座椅。消费者能分散就座，互不干扰。

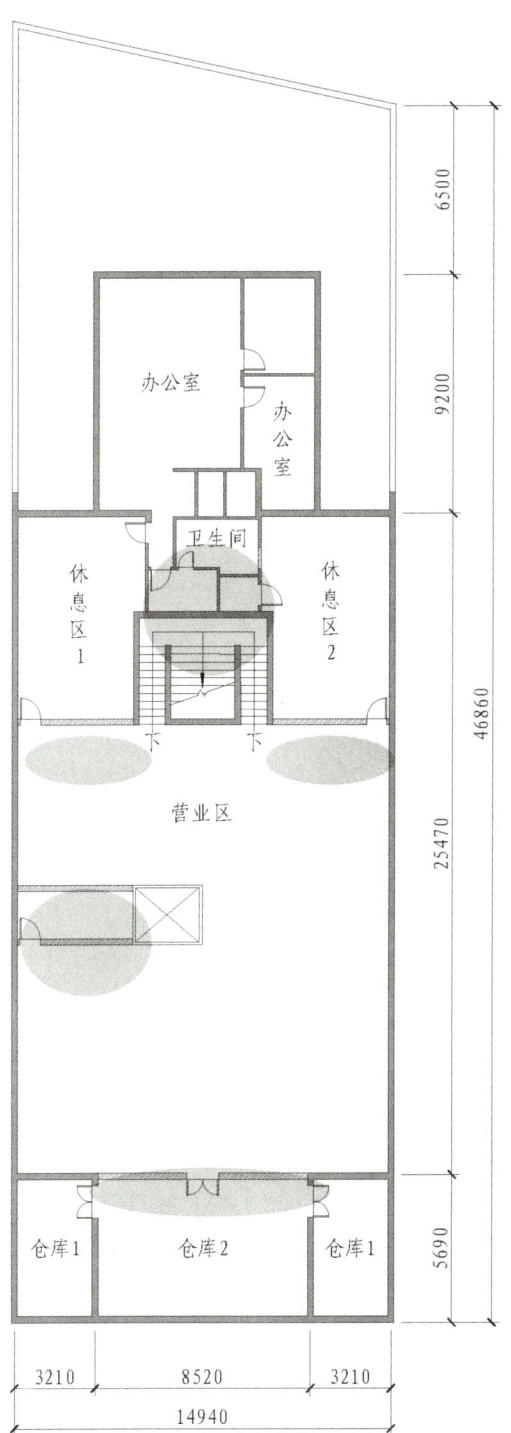

图5-81 二层改造前

图5-81：仓库的面积明显占了非常大的比重，可以适当缩减，进行更合理的利用。原本两个员工休息区对商业空间来说显得非常浪费，应当重新考虑如何做到物尽其用。

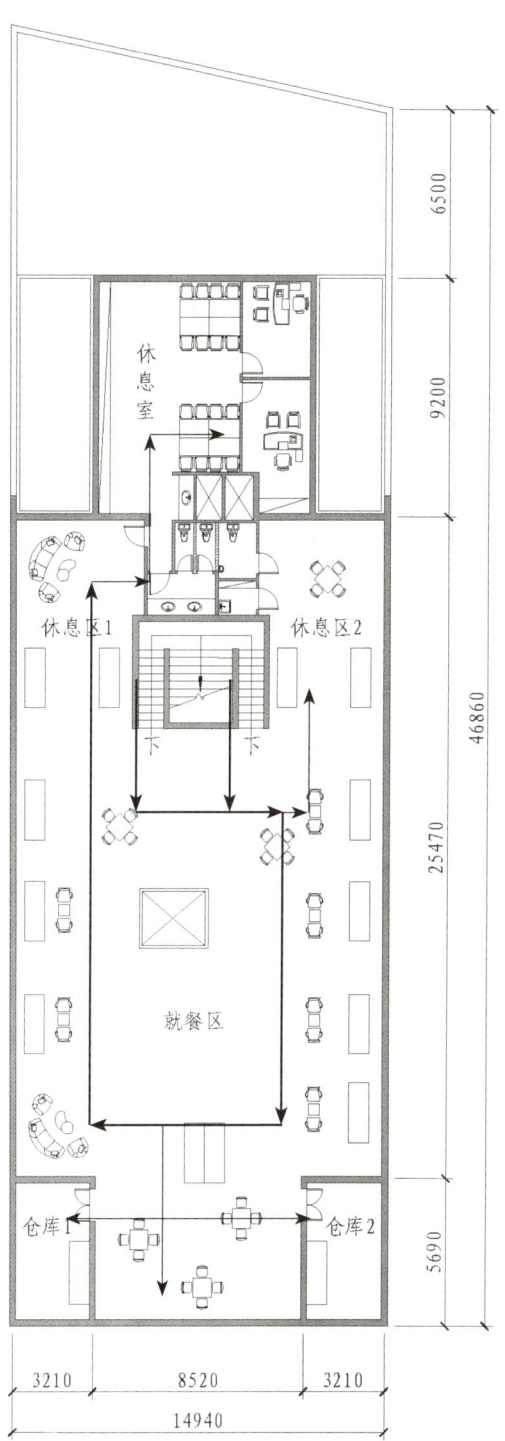

图5-82 二层改造后

图5-82：二层合理规划就餐区与休息室，补充辅助功能区，消费就餐的座椅布局更加灵活，二层适应追求舒适、休闲的消费者就餐。

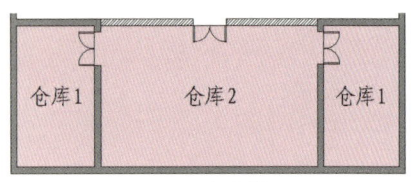
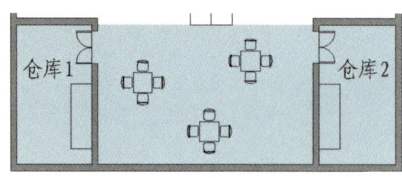
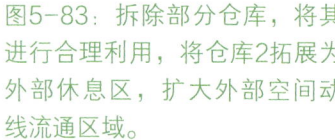

（a）改造前　　　　　　　（b）改造后　　　　　　图5-83　拓展空间

图5-83：拆除部分仓库，将其进行合理利用，将仓库2拓展为外部休息区，扩大外部空间动线流通区域。

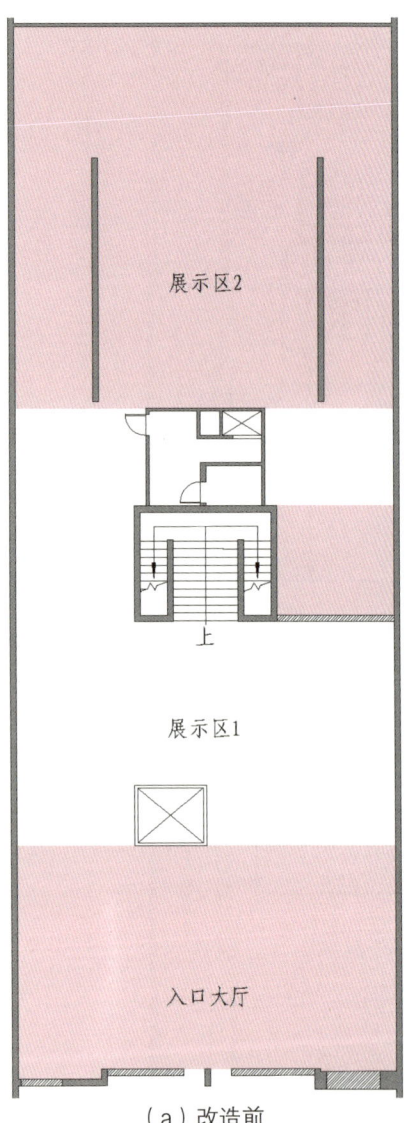

图5-84：在原展示区2两堵墙体的基础上砌两道长9000mm、宽3000mm的墙体，形成两个半封闭式的储藏间和操作间。拆除原本楼梯间前的墙体，让原本绕来绕去的动线变得简单明了。

（a）改造前　　　　　　　（b）改造后　　　　　　图5-84　主体空间改造

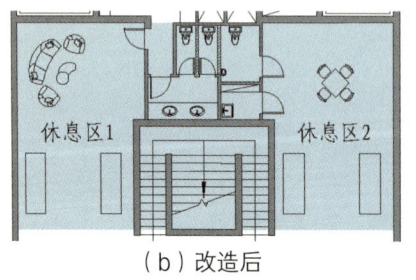

图5-85：对原休息区与卫生间进行重新规划，休息区设计为开放式，卫生间空间更加细化，将一处集中的卫生间空间变为男女分开独立的卫生间。

（a）改造前　　　　　　　（b）改造后　　　　　　图5-85　休息区与卫生间变更

（a）电梯间

（b）就餐区

（c）阳光就餐区

（d）厨房格栅

图5-86　改造后实景

图5-86（a）：将原电梯间之间的墙体拆除后，虽然独立的电梯摆在中间看上去有些不美观，但是没有了之前的墙体遮挡，阳光能够直接从窗外洒满整个空间，再与白色的墙体相辉映，就减弱了电梯的存在感。

图5-86（b）：拆除了原楼梯旁的墙体遮挡，让原本复杂的动线简单化，与楼梯一样形成了两条并列的行进动线。同时完全无遮挡的空间能够从大厅入口就看到后方美丽的阳光房美景。

图5-86（c）：将原展示区分成了一个阳光就餐区，一个阳光房休息区及两个工作间，既满足了消费者的功能需求，同时也让消费者在用餐时能够欣赏到美景，放松心情。

图5-86（d）：厨房格栅具有标识性，方便消费者找到取餐位置，固定动线走向。

5.7.2　服装快餐厅

这项商业空间将服装店与快餐厅结合起来，面积约400m²。室内格局主要为餐饮休闲区、展示区。主要装饰材料为防腐木地板、花砖、镜面玻璃、乳胶漆、防滑地砖、墙纸。整体空间分为内外两个部分，将服装展陈与餐饮休闲有机结合在一起（图5-87～图5-91）。

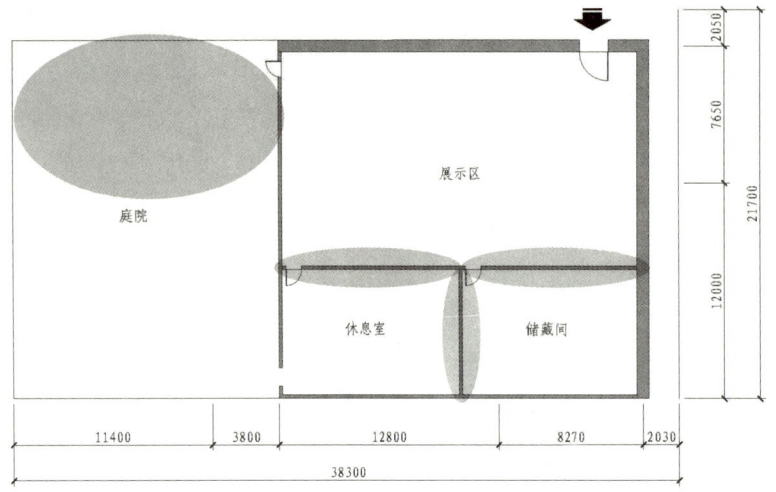

图5-87：该空间分为室内空间和室外空间两部分，室外空间占了相当大的比重，在原本的方案中室外空间被划分为私人领域。前身是一家便利店，需要足够的储藏空间，但现商业空间的性质是一家集合店，因此就无需过大的储藏空间。

图5-87 改造前

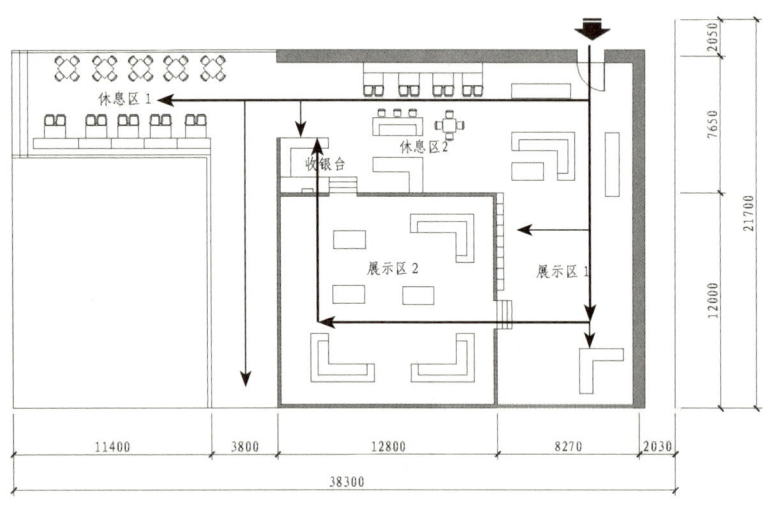

图5-88：作为一家餐饮、服装的集合店，改造后在空间中增加了充足的休息区。

图5-88 改造后

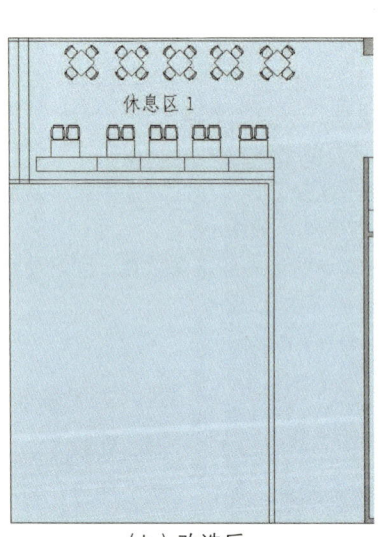

（a）改造前　　　　（b）改造后

图5-89：将原展示区与庭院之间900mm的小门扩大成4200mm的进出口。在原开阔的庭院空间之中修建两个木质回廊，做成室外休息区。

图5-89 划分庭院空间

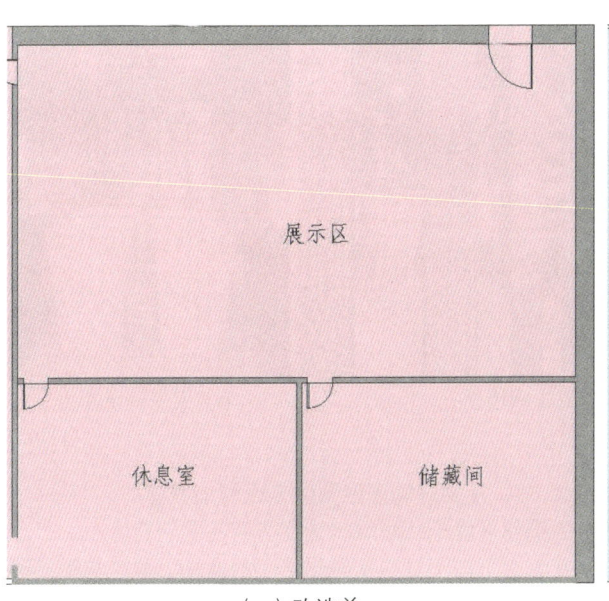
（a）改造前

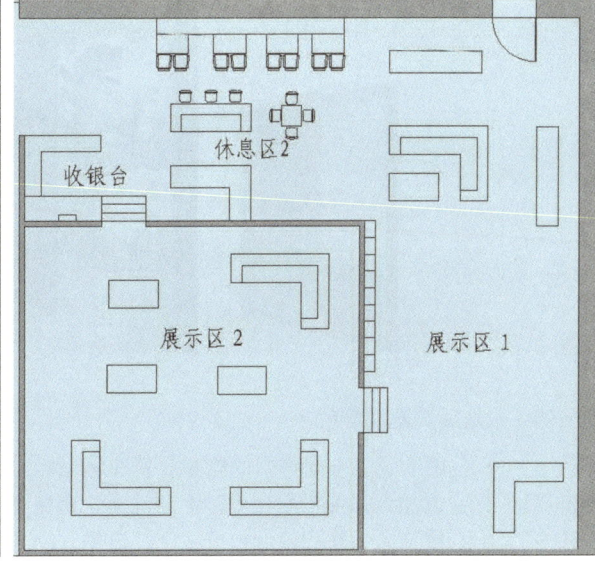
（b）改造后

图5-90　重新布局室内空间

图5-90：拆除原展示区、休息室以及储藏间之间的墙体。在空旷的展示区中砌一面长度为12800mm的墙体和与之垂直的长度为12000mm的墙体，围成一个12800mm×12000mm的矩形空间。在围成的矩形空间中开两道宽1600mm的门洞来连接两个展示空间。

（a）室内休息区

（b）收银台

（c）展示区

（d）室外庭院

（e）室外地台

图5-91　改造后实景

（f）户外大门　　　　　　　　（g）卫生间墙面　　　　　　　（h）卫生间洗手台

图5-91　改造后实景（续）

图5-91（a）：将收银台与操作区的位置设置在休息区1的入口处，能更好地照顾到休息区的消费者。

图5-91（b）：收银台采用木质台板，围合性强，避免嘈杂的操作环境干扰到展示区挑选商品的消费者。

图5-91（c）：展示区的陈列设计十分灵活、自由，引导消费者在不知不觉中接触到更多的商品。集合店是一种新型的商业经营模式，两种完全不同的商业类型结合到一起反而擦出了不一样的火花，但是在设计中要注意两种空间之间的动线布置与联系方式。

图5-91（d）：室外庭院采用阳光板制作遮阳篷，能摆放面料沙发，中央通透的走道宽度保留1500mm。

图5-91（e）：座席位于砌筑地台上，具有良好的防水防潮功能，在树底围合地台，地台边缘与大树外轮廓保持100mm距离，保护大树生长。地台设计两级台阶，每级高180mm，方便上下行走。

图5-91（f）：改造后的室内通往庭院大门为外凸造型，采用软质材料，开门宽度为1100mm，提高通行效率。

图5-91（g）：卫生间在庭院以外的附属建筑中，墙面采用黑白图案墙砖铺装，搭配玻璃镜面，极大地拓展了空间视野。

图5-91（h）：卫生间洗手台采用方形立柱造型，与周边墙面深色高反射瓷砖形成黑白对比，这种配色适用于面积狭窄的室内空间。洗手台前的玻璃镜为双层，小镜梳妆，大镜拓展空间视野。

本章小结

当前随着人民生活水平的提高，商业空间更加注重风格、功能、实用、环保、数字智能等设计内容，商业空间中的各种资源开始共享，多媒体设备不断普及，为绿色可持续发展提供了多元化支持。消费者会提出更多消费需求，设计师要勇于打破传统商业空间模式，重新对店铺空间进行合理规划，使动线设计更合理、更人性化。

课后练习

1. 商业空间中动线设计有什么作用？请详细说明。
2. 餐饮空间中，如何实现动线可达性？
3. 在商业空间中，为促进消费可以设计哪种动线方式？
4. 收集10个不同形式的商业空间动线设计案例。
5. 实地考察三处不同类型的商业店铺，并思考其如何进行动线布置。
6. 自主设计面积100～200m^{2}的商业空间，进行平面布置和效果图展示，在设计中注重空间动线设计。作业数量：平面布置图1份、案例总结1份。建议完成课时：6课时。
7. 请实地考察本地的优秀实体商业空间，观察其空间中运用了哪些设计理念以及动线设计。
8. 在设计时需要注意因地制宜，面对不同的商业空间，我们都需要有针对性的动线设计，请查阅国内外优秀的不同功能的商业空间案例，思考并分析每种空间动线有什么区别。

第6章
商业空间照明设计

识读难度：★★★★☆
重点概念：灯具、显色性、光环境

> **章节导读**
>
> 光可以构成空间、改变空间、美化空间，但光的功能处理不好，也能破坏空间。商业空间照明设计的好坏，直接影响商业空间设计的效果，会对人的购物心理和情感起到积极或消极的作用，所以对采光和照明应予以充分的重视。现代设计中逐步将灯光设计作为专门的学科进行研究，并出现了专业的灯光设计师，配合空间设计师共同完成设计方案（图6-1）。

图6-1 电梯间照明

图6-1：商业照明设计首先要满足观众看商品的照度要求，通过照明手段，渲染展示气氛，创造特定的艺术氛围。商业环境照明中较多使用人工照明。

6.1 照明设计基础

6.1.1 商业空间照明作用

照明在商业空间环境中必不可少，它不仅可以创造出多彩的商业空间环境，同时也可显示出商业空间的特点。商业空间环境照明设计的任务，在于借助光的性质和特点，使用不同的方式，在商业空

图6-2 商业空间走道照明

图6-2：商业空间中的走道以一般照明为主，在局部区域会使用重点照明、装饰性照明。比如，使用隐藏灯带将店铺外墙照亮，同时与地面铺设相对应，达到一定的装饰效果。

图6-3 商业空间店面照明

图6-3：为吸引消费者目光，商业空间中的商铺往往会使用与走道照度不同的灯光进行照明，根据店面风格进行针对性的照明设计。

间环境这个特定的空间中，满足商业空间所需的照明功能，有意识地创造环境气氛和意境，增加环境的艺术性，使环境更符合人们的心理和生理需求（图6-2、图6-3）。

6.1.2 商业空间照明分类

商业空间照明一般可分为自然采光和人工照明两种。

1. 自然采光

自然采光是以太阳为光源形成光环境。利用自然采光可通过各种采光结构创造出光影交织、似透非透、虚实对比、投影变化的环境效果。但自然光因其光色较固定，且自然光线的移动变化常影响物体的视觉效果，难以维持稳定的光照质量标准，因此，在商业空间照明设计中，一般很少完全以自然光为主要依据来考虑商业空间的照明视觉效果。但在临街的商业空间设计中，自然采光则被大量使用。它具有如下特性。

（1）变化性。由于不同时间段的太阳高度角不同，太阳光穿过大气层的路程远近不一样，再加上不同的天气条件下大气层中尘埃微粒不一样等原因，自然光的亮度和颜色变化非常明显。通常情况下自然光没有形态，但在某些特殊条件下，如空中刹那间劈下的闪电的线形特征，水面的粼粼波光具有的点状特征等，自然光会表现出可被视觉认知的具体形态（图6-4）。

（2）显色性。自然光被认为具有最佳的色彩还原性。从理论上来讲，自然光包括了垂直于光波传播方向的所有可能的振动方向，所以不显示出偏振性（图6-5）。

2. 人工照明

（1）人工照明设计。人工采光是利用各种发光灯具，根据人的需要来调节、安排和实现预期的照明效果，它具有恒定性的特点，可随意处理光照效果。人工照明可以随需而取，创造特有的环境气氛（图6-6、图6-7）。

（2）人工照明设计的基本原则。商品陈列区的明度要充分，照度必须比观众所在区域的照度高；光源不裸露，灯具角度合适，避免出现眩光；根据各类灯具不同的照明特点，选择不同的光源、光色、型号，避免影响商品固有色；商业照明布线要严格按规范安全布施，注意防火。

图6-4 日光照射角度变化

图6-4：自然光会随每天时间的不同发生改变，而且季节的变换及地理位置的差异也会对其产生影响。日照角度的不同，反映在墙面上就有不同的展现方式，多变的自然光给人们带来了丰富的视觉体验，具有令人震撼的艺术效果。

图6-5 日光反射到店内灰色墙面

图6-5：自然光下所看到的物体颜色就是物体本来的颜色，自然光成为颜色的参照物，在自然光下看到的颜色被认为是真正的颜色，就如室内的灰色墙面在阳光的反射下所形成的色彩往往就是我们认知中的灰色。

图6-6 橱窗照明

图6-6：巧妙地综合利用人工照明以及各种照明方式，能有效构筑空间的视觉效果，如渲染空间层次、明确空间导向、强调空间中心等。在橱窗照明设计上，运用重点照明的方式，将人群目光集中到这里，从而吸引消费者入店。

图6-7 店铺照明

图6-7：店铺在照明设计上使用多种照明方式进行搭配，从而呈现最好的视觉效果。在门头一般使用隐藏灯带将品牌标识点亮，方便消费者注意品牌标识，在店内，照明重点往往在橱窗、柜台，一般使用暖色灯光进行区分。

6.2 灯具类型与运用

6.2.1 照明灯具类型

1. 直接型灯具

直接型灯具绝大部分光通量（90%～100%）直接投照下方，光线通过灯具射出达到设定的工作面上，所以灯具的光通量利用率最高。直接照明可使光大部分作用于作业面上，因此光的利用率较高，会起到引人注意的作用。其特点为易产生眩光，照明区与非照明区亮度对比强烈（图6-8、图6-9）。

2. 间接型灯具

间接型灯具的小部分（10%以下）光通量向下。通过反射光进行照明，如顶面灯槽将全部光线射向顶棚，并经顶面反射到工作面上，设计得当，全部天棚成为一个照明光源，达到柔和无阴影的照明效果。由于灯具向下光通很少，只要布置合理，直接眩光和反射眩光都很小（图6-10）。

3. 半直接型灯具

半直接型灯具大部分（60%～90%）光通量射向下半球空间，少部分射向上方，射向上方的分量将减少照明环境所产生阴影的硬度并改善其各表面的亮度比。它除了保证工作面照度外，非工作面也能得到适当的光照，使商业空间光线柔和、明暗对比不太强烈，并能扩大空间感（图6-11、图6-12）。

4. 半间接型灯具

半间接型灯具小部分（10%～40%）光通量向下，主要作为环境装饰照明，向下分量往往只用来产生与顶棚相称的亮度，此分量过多或分配不适当也会产生直接或间接眩光等问题（图6-13、图6-14）。

5. 漫射型灯具

灯具向上和向下的光通量几乎相同，各占50%。最常见的是乳白玻璃球形灯罩，其他各种

图6-8　直接型灯槽照明

图6-8：直接型灯槽照明需要结合顶面吊顶造型，在吊顶周围设置灯槽，通过灯槽照明烘托空间氛围。

图6-9　直接型筒灯照明

图6-9：筒灯是定向式照明灯具，筒灯的光束角属于聚光，光线较集中，明暗对比强烈。运用于商业空间可以更加突出被照物体，更衬托出环境气氛。

图6-10 间接型灯带照明

图6-10：间接型灯带的光通利用率较其他种类的低。照明光线柔和，无眩光；但光能消耗大，照度低，通常与其他照明方式配合使用。

图6-11 半直接型筒灯照明

图6-11：在商业空间中，走道作为商业空间中最重要的导向方式，在满足人们照明的基础需求后，为保证与整个商业空间设计相协调，会使用半直接型筒灯，突显店铺照明，从而吸引客流量。

图6-12 半直接型吊灯照明

图6-12：半直接照明常用于净空较低的商业空间。由于漫射光线能照亮平顶，使房间顶部高度增加，因而能产生较高的空间感。

图6-13 半间接型圆柱形吊灯照明

图6-13：半间接型圆柱吊灯的大部分光线投向顶棚和下方座面，使顶面亮度均匀，没有明显的阴影，增加了间接光，光线更为柔和。

图6-14：半间接型条形吊灯使大部分光线照射到顶面上，这种照明方式没有强烈的明暗对比，光线稳定柔和，能产生较大的空间感。

图6-14 半间接型条形吊灯照明

形状漫射透光的封闭灯罩也有类似的配光。这种灯具将光线均匀地投向四面八方，因此光通利用率较低，光线柔和，没有眩光，适宜于各类商业空间场所。

6.2.2 照明灯具的运用类型

灯具的类型有很多，按灯具的运用配置方式分类，可以分为天花灯具、壁灯、台灯和落地灯及特殊灯具等类型。

1. 天花灯具

常用的天花灯具包括以下几种。

（1）悬吊灯。包括吊灯、花灯、宫灯、伸缩性吊灯。主要用于一般照明，并起到装饰性作用，因此选择不同造型风格、大小、质地的吊灯，会影响整个空间环境的艺术氛围，体现出不同的档次（图6-15、图6-16）。

（2）吸顶灯。包括凸出型、嵌入型灯具。凸出型灯具如吸顶灯，吸顶灯是将照明灯具直接吸附、固定在顶面板上的灯具。吸顶灯与吊灯的区别在于，吊灯多用于较高的空间之中，吸顶灯多用于较低的空间之中（图6-17）。

（3）发光顶棚。吊顶全部或局部采用透光材料做造型，内部均匀布置日光灯光源的发光顶，称为发光顶棚。透光材料一般选用磨砂玻璃、喷漆玻璃、亚克力板等。发光地棚的构造形式也可用于墙面和地面，形成发光墙面和发光地面。不同的是，发光地面要求材料要具坚固性，如用钢结构做骨架，并使用钢化玻璃做透光材料（图6-18）。

（4）发光灯槽。发光灯槽通常利用建筑结构或装修结构对光源进行遮挡，使光投向上方或侧方。其照明多作为装饰或辅助光源，可以增加空间层次，是一种虚拟空间设计手法，起到引导作用。

2. 壁灯

壁灯分为悬挑式和附墙式两种，多安装于墙面或柱子上。除辅助照明作用外，壁灯还起到装饰作用，与其他灯具配合使用，丰富光照效果，增加空间层次感（图6-19、图6-20）。

3. 台灯和落地灯

以某种支撑物来支撑光源，一般放在茶几、桌

图6-15 新古典吊灯

图6-15：新古典吊灯造型主要是层叠式，装饰常使用曲线、曲面、断檐、层叠的柱式，或者叠套的山花等不规则的古典柱式的组合。颜色以金色为主。整体风格豪华壮丽，且富有变化和想象力。

图6-16 现代吊灯

图6-16：现代吊灯以简约、时尚为主。在吊灯的造型上，运用曲面、非对称性线条进行装饰，如云朵、花蕾以及自然界各种波状的形体图案等作为装饰元素。

案等台面上的灯具称为台灯，放在地面上的称为落地灯。台灯和落地灯既有功能性照明作用，也起装饰性和气氛性照明的作用。

4. 特殊灯具

特殊灯具包括追光灯、旋转灯、光束灯、流星灯等（图6-21、图6-22）。

图6-17　吸顶灯

图6-17：吸顶灯作为商业空间较为常见的灯具，适用于商业空间部分照明需求。吸顶灯的款式简单大气，赋予空间清朗明快的感觉。

图6-18　弧线形发光顶棚

图6-18：发光顶棚可根据商业空间设计需求进行独特设计，通过透光材质达到顶面发光的效果。既达到了室内空间的照明需求，同时为商业空间增加了设计感。

图6-19　独立壁灯

图6-19：壁灯宜用表面亮度低的漫射材料灯罩，在餐厅、清吧等商业空间墙面上放置磨砂质感的不规则壁灯，会让空间充满典雅、深沉的韵味。

图6-20　阵列壁灯

图6-20：结合商业空间的品牌形象，设计出符合设计主题的壁灯，统一放置在店铺入口墙面上，不仅满足了照明需求，而且为墙面、空间增添了艺术氛围。

图6-21 追光灯

图6-21：追光灯主要运用于舞台剧、婚庆、酒吧等场合，主要在舞台全场黑暗的情况下用光柱突出人员或其他特殊效果，或对演员进行补光。

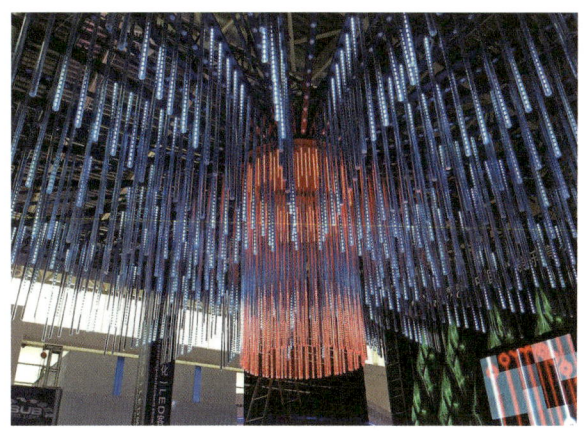

图6-22 流星灯

图6-22：流星灯作为节日灯饰产品，一般运用于展厅、中庭或节日特定造型。运用灯光模拟出某种自然形态、艺术造型，为商业空间增添氛围感。

6.3 照明形式与表现方式

6.3.1 灯具照明形式

灯具的照明方式以灯具的布局形式和功用来分类，可分为以下几种形式。

1. 整体照明

整体照明指对整体商业空间平均照明，也叫普通照明或一般照明。通常采用漫射型照明或间接型照明实现，特点是没有明显的阴影，光线较均匀，空间明亮，不突出重点，易于保持商业空间的整体性（图6-23）。

2. 局部照明

只为满足某些空间区域或部位的特殊需要而设置的照明方式被称为局部照明。整体照明是整个商业空间的基本照明，而局部照明更有明确的目的性（图6-24、图6-25）。

图6-23 餐厅整体照明

图6-23：餐厅整体照明可选用嵌入式筒灯和发光灯带，既能有效控制照明功率，也可为基础的行走、交流提供明亮的照明环境。结合地面瓷砖的反光效果，为餐厅增添空间感。

图6-24 快餐厅顶面局部照明

图6-24：快餐厅顶面局部照明要特别注意避免产生眩光和阴影，要注意灯具亮度的控制，避免灯具亮度太过耀眼产生视觉疲劳。

图6-26 饰品店商品展台重点照明

图6-26：在光照度适中的情况下，可以重点突出饰品的光泽、样式，重点照明的光线可以调节，为消费者提供足够的照明。

4. 装饰照明

装饰照明是以色光营造一种带有装饰性或戏剧性的空间效果，用灯光作为装饰的手段，又称为气氛照明。它的特点是增强空间的变化和层次感，制造特殊氛围，使商业空间环境更具艺术气氛。

6.3.2 灯光表现方式

灯光的表现方式，主要有以下几种。

（1）点光。就是点辐射、聚光的形式，如聚光灯在空间中形成点光的表现形式。

（2）带光。通常表现为光带、如日光灯管、LED灯带所呈现的表现形式。

（3）面光。就是以发光面的形式投照，如软膜顶面所呈现的灯光形式比较均匀、形成面光的表现形式。

（4）其他表现形式。分为静止与流动的灯光表现方式，如追光灯、霓虹灯、激光等灯光呈现出的表现形式。

图6-25 服装店墙面局部照明

图6-25：服装店墙面局部照明能重点表现模特身上的服装，有利于消费者更快地观察到该商品，局部照明一般选择本店销售较好的产品。在服装店布局照明上可选择暖色光源。

3. 重点照明

为强调特定的目标和空间而采用的高亮度的定向照明方式被称为重点照明。在商业空间照明设计中重点照明是常见的照明方式，特点是可以按照需求突出某一主体或局部，并按需要对光源的色彩、强弱以及照射面的大小进行合理调配（图6-26）。

6.4　照明设计原则

商业照明设计包括商业空间外部光环境设计、商业空间入口光环境设计以及商业空间光环境设计等。

6.4.1　商业空间外部光环境

商业空间外部光环境设计的典型代表就是橱窗的灯光设计。橱窗的灯光设计必须达到引人注目的效果，在创作方式上应注意两点：一要注意艺术效果与文化品位；二要突出重点商品，而不是灯光，切勿喧宾夺主（图6-27）。

6.4.2　商业空间入口光环境

商业空间入口的光环境设计应强调识别性，明显易辨，烘托热烈的商业气氛（图6-28、图6-29）。

6.4.3　商业空间光环境

绝大部分的商业空间都依赖人工照明，创造幽雅舒适的光环境，这是留住消费者的重要手段之一（图6-30、图6-31）。

图6-28　封闭型入口的光环境

图6-28：由于人具有一定的趋光性，在封闭型入口设计上可以用与外部色温、亮度差异较大的灯光照亮入口，提高商店与外界的照度比，营造亮度相对较高的场景，吸引消费者进店。

图6-27　店面外墙橱窗灯光

图6-27：灯具类型不同，照射角度不同，最后所呈现的橱窗空间感也不同，设计橱窗照明要选择合适的照射方向，以便能更好地展现出服装的特质。

图6-29　开敞型入口的光环境

图6-29：服装专卖店入口处照明色温应当在4000K以上，以白光为主，也有部分会选择暖白光，要营造一种明亮、轻松的购物环境，并在视觉上扩大服装店的面积。

图6-30　内部展示区光环境

图6-30：内部展示区的照明要集中在所要展示的服装上，并选择能展现服装自然色调的光源。在衣架陈列区附近还可设置嵌入式或悬挂式灯具，这样能更清晰地展现服装的材质和纹理。

图6-31　外部展示区光环境

图6-31：服装展示区灯光与周边环境应该有明显的强弱对比，不仅可以突出服装展示区的重要性，亮度较高的光线也更容易表现服装特色。

6.4.4　商业照明设计优劣标准

照明是科学，也是艺术，光环境设计的优劣应该从设计和艺术两个方面综合评价。

（1）灯光给人以方向感，并能界定清楚人们在时空中的位置；

（2）灯光应该是室内和建筑不可分割的一部分，即在开始时就包含在规划方案里，而不是最后加进去的；

（3）灯光应该支持建筑设计和商业空间设计的设计意图，而不是使其游离出来；

（4）灯光应该在一个场所内营造出一种状态和氛围，能够满足人们的需求和期望；

（5）灯光应该满足并促进人际交流；

（6）灯光应该有意义并传达一种信息；

（7）灯光的基本表现形式应该是独创性的；

（8）灯光应该能够使我们看见并识别环境。

- 补充要点 -

商业空间照明设计的发展趋势

随着光环境的日益发展，商业空间照明设计呈现出以下发展趋势。

1. 光环境设计成为建筑工程中不可缺少的独立设计过程；

2. 光环境设计逐渐向个性化、艺术化发展；

3. 光环境的设计将更注重环保和节能；

4. 自然光的利用将会越来越受重视；

5. 科技的日新月异为光环境的设计提供了更多、更好的选择。

6.5 照明设计案例

根据上述内容,下面介绍两类商业空间设计案例。

6.5.1 珠宝专卖店照明案例

1. 不同珠宝适合不同的色温

白银、铂金适用于色温为5200K的灯具,黄金适用于4000K的灯具,玉器、木器、彩金等适用于4500K的灯具。灯具的显色性也很重要,一般选择高显色性灯具产品(图6-32、图6-33)。

2. 照明营造大气感

灯具布置要有规则感,吊顶设计有内凹造型,让灯具与吊顶融合为一个整体(图6-34、图6-35)。

6.5.2 服装专卖店照明案例

灯具的间距与灯具光照范围直径相当,或比灯具光照范围直径略短,筒

照明器具:T5灯管(21W/4500K)
灯具材质:玻璃
灯具价格:65元/m

照明器具:筒灯(12W/5000K)
灯具材质:铝
灯具价格:65元

照明器具:筒灯(12W/4000K)
灯具材质:铝
灯具价格:56元

图6-32 合适的色温和照度营造氛围

图6-32:照明要营造轻松愉悦的沟通氛围,整体空间照度值控制在200~300lx,色温3800K左右。这里选用了"L"形排列筒灯作为重点照明。

图6-33 柔和的光线更能表现宝石的色泽

图6-33:珠宝橱窗选用了能表现宝石特色的LED筒灯,光线比较柔和,光色丰富、热辐射小。

灯、射灯的间距多为800～1500mm，形体较大的吊灯可以根据空间区域来设定间距。在视觉上感受较明确的独立区域内可设计一件吊灯或一组吊灯（图6-36、图6-37）。

陈列区照明要均衡，区域内的保持照度基本一致，展示区要有比较明显的重点照明，确定主要商品特色（图6-38、图6-39）。

图6-34 排列整齐的灯具能营造出金碧辉煌的视觉感

图6-34：珠宝专卖店入口处照明要与店内整体照明相互协调，要能给人一种很高档的感觉，这里的入口照明和整体照明都选用了筒灯，并配有层板灯，营造出辉煌明亮的气氛，既方便顾客挑选饰品，又能吸引人流。

图6-35 小橱窗选对合适的光源也能营造大气感

图6-35：橱窗照明选用了钻石光卤素灯，灯光显色效果好，能很好地展示出珠宝的魅力。

图6-36 重点照明和一般照明相结合

图6-36：服装展区选择了侧照的轨道射灯，重点突出中心区域的服装，同时又均匀排列球形吊灯作为一般照明，这能使服装展区层次更分明。

图6-37 借助自然光凸显服装材质

图6-37：自然光能够展现服装材质的真实纹理，这里选用了局部射灯与窗外的自然光相结合，多角度照射能使服装材质的质地与纹理清晰展现在消费者面前。

图6-38 LOGO色温要与室内整体色温协调

图6-38：LOGO照明选用侧面泛光照明，使得LOGO更具立体感，非常醒目，能吸引消费者的注意。

图6-39 单件展示选择重点照明更能突出服装特色

图6-39：橱窗为了表现婚纱的材质，在吊顶上方制作了发光顶棚，与环绕在婚纱周边的镜子形成了错觉，使消费者将重点放到婚纱上，从而激发消费者的购买欲。

本章小结

　　照明的灵活性和功能性对商业空间的形象塑造起到很大作用，要充分考虑到室内色彩、材质对灯光的影响，明确灯具造型、照度值、灯具布局对视觉效果的影响。在照明设计过程中，要学会合理运用不同的照明方式。在商业空间照明设计中，还需注重经济的合理性和环保、节能。作为设计师，在满足投资者需求的同时还需要肩负人类发展使命。

课后练习

1. 为什么人工照明方式被广泛地应用于商业空间中？其设计原则是什么？
2. 商业空间中的照明形式与表现方式有哪些？
3. 商业空间中，照明设计应遵循哪些原则？
4. 在酒店空间设计中，客房空间设计需要着重考虑哪些方面？
5. 收集一些商业空间照明灯具应用的图片，并说说它们的类型。
6. 自主设计面积为500m²的商业空间，并进行照明设计。作业数量：2份。以PPT形式进行汇报分享，PPT页数要求在30页左右。建议完成课时：6课时。
7. 商业空间是时代发展的产物，从侧面反映了国家的发展水平，请实地考察本地的商业空间，思考如今商业空间中的照明设计与以往有什么不同？
8. 党的十八大以来，以习近平同志为核心的党中央把生态文明建设摆在全局工作的突出位置。请借助网络等工具思考如何在商业照明设计中运用绿色照明设计。

第7章 商业空间色彩设计

识读难度：★★★☆☆
重点概念：色彩心理、搭配、光色

章节导读

人们精神上感到舒畅还是沉闷，在很大程度上与色彩有关。消费者进入商业空间的第一感觉就是色彩带来的，调整好店内环境的色彩关系，对形成特定的氛围空间能起到积极的作用。对空间进行色调处理时应把握好色泽的类别、深度和亮度。商业空间内有许多柜台、展架，商业空间界面多被遮挡，露出来的主要是天棚和地面。商业空间以突出商品为主，界面作为背景，不宜用艳色。特别是地面，因被柜、架分割，更不宜用复杂配色，可选用不易污损的低彩度，配以一定面积的中彩度点缀色，形成统一而有变化的效果（图7-1）。

图7-1 餐厅色彩搭配

图7-1：中高端餐厅色彩多以稳重的棕褐色为主，搭配局部高亮灯光来强化色彩的纯度与明度，地面铺装浅色走道能在深色地板区域形成明确的动线提示。

7.1 色彩设计基础

色彩按字面含义理解可分为色和彩，色指人对进入眼睛的光传至大脑时所产生的感觉；彩则指多色的意思，是人对光变化的理解。

7.1.1 色彩本质

色彩是通过光反射到人的眼中而产生的视觉感受，我们可以区分的色彩有数百万之多。黑、白、灰被称为无彩色。除无彩色以外的一切色，如红、黄、蓝等色彩被称为有彩色。

7.1.2 色彩三属性

对色彩的性质进行系统分类，可分为色相、明度、饱和度（纯度）三要素。

1. 色相

色相（Hue），简写H，表示色的特质，是区别色彩的必要名称，例如红、橙、黄、绿、青、蓝、紫等（图7-2）。色相和色彩的强弱及明暗没有关系，只是纯粹表示色彩相貌的差异。色相是有彩色才具有的属性，无彩色没有色相。光谱的色顺序按环状排列，被称为色相环。

2. 明度

明度（Brightness）是人眼对不同频率光线的感受，也是人眼对光源和物体表面颜色明暗程度的感觉。光线越强，看上去越亮，光线越弱，看上去越暗。色调相同的颜色明暗程度也可能不同，如橘黄和牙黄，前者显暗，后者显亮。色彩的强度，也是色光的明暗度，不同的颜色，反射的光量强弱不一，因而会产生不同程度的明暗。明度最高的色是白色，明度最低的色是黑色（图7-3）。

3. 饱和度

饱和度（Saturation）指色彩的鲜艳程度，也称为纯度（Purity），具体来说，表明一种颜色中是否含有白或黑的成分。假如某色不含有白或黑的成分，便是纯色，彩度最高；含有越多白与黑的成分，它的彩度越低（图7-4）。

7.1.3 色调

在商业环境中，通过色彩的色相、明度、饱和度三要素的组合变化，产生对一种色彩结构的整体印象，这便是色调。商业空间环境确立的明度基

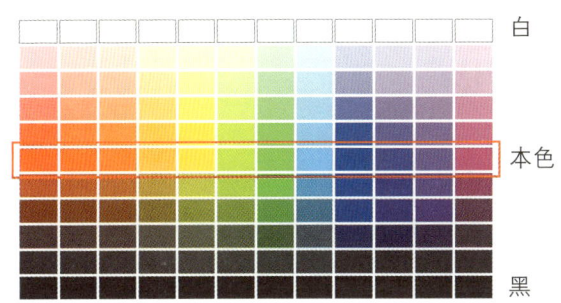

图7-3 明度

图7-3：明度对比对商业空间整体舒适度和氛围感营造起着重要作用。在商业空间设计中，针对不同的消费群体，明度基调有所不同。

图7-2 色相

图7-2：色相是色彩的首要特征。色相是由原色、间色，以及复色构成，除黑白灰以外，其他的颜色都有色相，色相是各类色彩的相貌称谓。

图7-4 饱和度

图7-4：不同色相中不仅明度会存在差异，饱和度也会有所不同。应用在商业空间中，饱和度较高的色彩会带给人一种愉悦的氛围，饱和度较低的灰色调则带来安静祥和的氛围。

调，一定程度上决定商业空间环境最后所要形成的色彩效果。以颜色为基调的，主要是色量的控制，以寻求有主要倾向性色相的色彩，如偏橙色或偏粉红色，或含灰的色所组成的不同色调，还有暖色调、冷色调等。

1. 暖色调

暖色调给人温暖的感觉，尤其适用于冬天使用，如红、黄、橙、赭石、咖啡、紫红等，具有热烈、明朗、兴奋、奔放等特点（图7-5）。

2. 冷色调

冷色调给整个商业空间带来清新、凉爽之感，如蓝、绿、紫等，具有安静、稳重、明快等特征（图7-6）。

7.1.4 三原色

三原色是指色彩中不能再分解的三种基本颜色，包括光学三原色（RGB）、色料三原色（CMY），我们所见的各种色彩都是由三种色光或三种颜色组成（图7-7）。

1. 光学三原色

光学三原色分别为红（Red）、绿（Green）、蓝（Blue）。将这三种色光混合，便可以得到白色光。如霓虹灯，它所发出的光本身带有颜色，能直接刺激人的视觉神经而让人感受到色彩，我们在电视屏幕和电脑显示器上看到的色彩，均是由RGB三原色组成。

2. 色料三原色

物体三原色分别为青蓝（Cyan）又称为青色，洋红（Magenta）又称为品红色，黄色（Yellow）。三色相混，会得出黑色。物体不像霓虹灯，可以自己发射色光，它要靠光线照射，反射出部分光线去刺激视觉，使人产生颜色的感觉。CMY三色混合，虽然可以得到黑色，但这种黑色并不是纯黑色，所以印刷时要另加黑色（Black）。

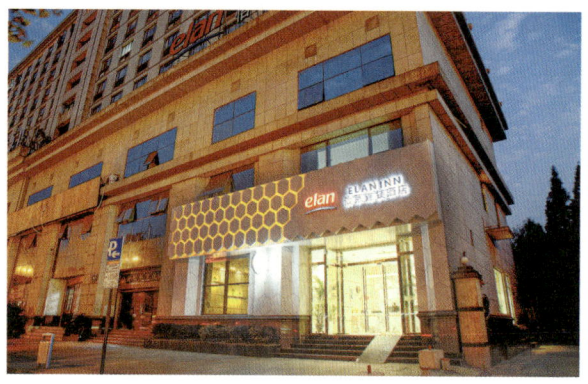

图7-5 暖色调应用

图7-5：暖色调在商业空间中使用较为频繁，在酒店入口、大堂照明设计中运用色温2700～3000K的光源能够营造亲切、温馨和友好的氛围。

图7-6 冷色调应用

图7-6：冷色调一般运用在科技感较强的商业空间中，体现空间理性、沉着的氛围。在某些商业展览中因展品的特殊性也会使用冷色调灯光进行装饰。

RGB三原色　　　　CMY三原色

图7-7 三原色

图7-7：RGB光学三原色，属于加色法模型，以不同比例相加，产生多种多样的色光，同时相加产生白色。CMY以印刷品为代表的减色法三原色，可以混合出所有颜色，同时相加为黑色。三原色如今运用在商业空间，运用跳跃的色彩，营造出年轻活力的气氛。

7.2 色彩感知引导

7.2.1 色彩对人的生理作用

人们对不同的色彩表现出不同的好恶，这种心理反应，常常是因为人们的生活经验，利害关系以及由色彩引起的联想造成的，此外也和人的年龄、性格、素养、民族、习惯等分不开。

7.2.2 色彩对人的心理作用

当色彩以不同的光强度与波长作用于人的视觉时，便会产生一系列生理、心理反应，这些与人以往的经验相联系时，便会引起各种联想，使色彩具有情感、意志、情绪等各方面的象征意义。商业空间色彩设计必须考虑这些因素，如体育竞技类的场馆往往采用强烈的红、黄等纯度高的色彩，可以刺激运动员的求胜欲望，提高竞技状态；图书馆阅览室则采用偏冷的低纯度的色彩，以营造宁静的环境气氛。

7.2.3 色彩的物理效应

色彩对人引起的视觉效果反映在物理性质方面，如冷暖、远近、轻重、大小等，这不但是物体本身对光的吸收和反射不同的结果，而且还存在着物体间的相互作用的关系所形成的错觉。色彩的物理作用在商业空间设计中可以大显身手，赋予设计作品魅力。

1. 温度感

色彩学中，不同色相的色彩分为热色、冷色和温色。从红紫、红、橙、黄到黄绿色称为热色，以橙色最热。从青紫、青至青绿色称为冷色，以青色为最冷。紫色是红与蓝色混合而成的，绿色是黄与蓝色混合而成的，因此为温色（图7-8）。

2. 距离感

色彩可以使人产生进退、凹凸、远近的不同感觉。一般暖色系和明度高的色彩给人以前进、突出、接近的效果，而冷色系和明度较低的色彩则给人以后退、凹进、远离的效果。商业空间设计中常利用色彩的这些特点去改变空间的大小和高低感（图7-9）。

3. 重量感

色彩的重量感主要取决于明度和纯度，明度和纯度高的物体显得轻，如桃红、浅黄色。反之则显得重。在商业空间设计的构图中常以此达到平衡和稳定的需要，以及表现性格的需求，如轻佻、庄重等。

4. 尺度感

色彩对表现物体大小的作用，包括色相和明度两个因素。不同的明度和冷暖色有时也通过对比作用显示出来，商业空间不同家具、物体的大小和整

图7-8 色彩的温度感

图7-8：色彩的温度感是人们根据日常生活中的体验联想到的。在商业空间设计中，可以根据空间功能需求的不同，在主色调设计上进行不同的色彩搭配。

图7-9 色彩的距离感

图7-9：从心理学角度来讲，色彩具有距离感。在商业空间中，冷暖色调的搭配能够产生空间上的立体感和错位感，在一定程度上它可以弥补室内空间的局限性。

图7-10 色彩的尺度感

图7-10：暖色和明度高的色彩具有扩散作用，因此物体显得大。在某些商业空间中需表达建筑物高大形象，会使用红色来进行灯光装饰，从而达到理想的视觉效果。

个空间的色彩处理有密切的关系，可以利用色彩来改变物体的尺度、体积和空间感，使商业空间各部分之间关系更为协调（图7-10）。

7.2.4 色彩的空间感受

色彩与色调是现代商业空间环境控制的主要手段，专业的设计师针对商业空间的需求，利用电脑进行各种调色试验，如涂料、家具的配置等，以达到色彩调节空间的效果。

（1）根据不同空间的功能要求设置不同的色彩，以明确区域划分。

（2）从美学角度上突出空间的外貌特征，给人安全、舒适、悦目的感觉。

（3）有效利用光照，易于看清商业空间中的各个物品。

（4）减少人的视觉疲劳，提高学习、工作的注意力。

（5）使商业环境更加整洁、有序，从而提高工作效率。

（6）温暖感与凉爽感。通过冷色与暖色在商业空间中的运用给人以体温上的不同感受。如在窗户朝北的室内空间运用暖色调易创造温暖的感觉，冷色调会使房间显得比较凉爽。

（7）推远感与迫近感。冷色偏轻，给人以很远的感觉，会使房间显得更大，更具庄重感。暖色偏重，给人以相互吸引的感觉。

（8）扩大感与收缩感。选择明亮色彩的材料装饰顶面、地面、墙面，利用明亮色彩的反射作用能使人感觉整个空间更亮堂，更宽阔。大而高的空间，易使人产生涣散和乏味感，可以选择深暗色的地面材料，使空间看起来收缩与紧凑。

7.3 色彩设计原则与作用

色彩设计在商业空间设计中起着改变或创造空间氛围的作用，会给消费者带来视觉艺术享受。消费者进入空间最初的几秒钟，得到的印象中75%是对色彩的感觉，然后才会去理解造型等方面。因此，色彩是商业空间设计不能忽视的重要因素。

商业空间的色彩设计要遵循一些基本设计原则，这些设计原则可以更好地使色彩服务于整体的空间设计，从而达到最佳的设计效果。

商业空间色彩包含商业空间的整体色调、装饰色彩、灯具色彩、服装色彩、商品色彩等，繁杂的空间色彩如何完美组合，形成统一又有变化的色彩基调，是商业空间色彩研究的重要课题。

7.3.1 统一性

在商业空间环境中，各种色彩相互作用于空间，确立总体色调要和展示的内容主题相适应，对商业空间环境起决定作用的大面积色彩即为主色调。在空间、展品、装饰、照明等方面，都应考虑总体色彩基调，与使用环境的功能要求、气氛和意境要求相匹配，与样式风格相协调，形成系统、统一的主题色调（图7-11）。

7.3.2 突出主题

色彩设计应考虑以怎样的色调来创造整体效果，构成浓烈的空间气氛，突出主题性。考虑内容与商品的特点，选择色彩要有利于突出产品，利用色彩对比方法使主题形象更加鲜明（图7-12）。

7.3.3 情感性

把握消费者对色彩的心理认知与感受，充分利用色彩给人带来的间接表意，从色彩核心、深层含义中挖掘出与情感相关的元素，表现商业空间的品质感。例如，米色象征着家居生活，金色象征着富

图7-11 统一的主题色调

图7-11：暖色和明度高的色彩具有扩散作用，在大型商业卖场中能统一主题，尤其在集中的童装销售空间，能快速吸引小朋友的注意力。

图7-12 突出主题的色调

图7-12：每种颜色暗示的含义不同，黑色具有高贵、神秘的寓意，红色具有喜庆的表现力，两者相结合，适合突出化妆品销售区域的营销主题。

贵，两种结合在一起，表现出商业空间的亲和力与轻松感，让消费者愿意进店选购，甚至形成心理依赖（图7-13）。

7.3.4 生动而丰富

设计色彩时，应避免过于单调或统一，没有变化，缺乏生气。利用色彩面积、重量感、尺度感等引导消费者有秩序、有兴趣地观赏商品是商业空间色彩设计追求的目标。

7.3.5 注重光对色的影响

不同的光源会对色彩产生不同的影响，应合理考虑色彩与照明的关系。光源和照明方式的不同会带来色彩的变化，灵活利用，可营造出神秘、新奇的气氛（图7-14、图7-15）。

在商业空间设计中，设计师对商业空间气氛进行营造时，常常通过色彩的魅力来增强艺术氛围。色彩的特性决定着在设计的范围内色彩是不分美与丑的。

商业空间色彩设计的要求是要表现商业空间设计主题，突出商品的特性、用途，通过各种设计手法来衬托商品。无论是空间界面还是货柜、货架的色彩都要用于烘托商品、宣传商品、吸引消费者购物。

图7-13 突出情感性

图7-13：商业空间中很少直接运用米色来营造家居生活的温馨感，多采用白色饰面材料，搭配暖色灯光，最终形成米色氛围，突出商业空间的休闲氛围与受众情感。

图7-14 快餐厅就餐区光环境

图7-14：快餐厅就餐区照明要集中在桌面上，并选择高显色性光源，色温多为5200K的中性光。灯具数量与照度要高，形成明亮通透的就餐环境，满足消费者快速进入就餐，再快速离开的需求。

图7-15 商品展示区光环境

图7-15：商品展示区照明主要集中在商品上，多采用色温约为5200K的中性光，搭配少量色温为3800K的暖光，形成高亮度、高纯度造型，表现出商品的质感与肌理特色。

补充要点

商业空间色彩搭配原则

1. 商业空间应有统一的色彩基调，以增强整体感。

2. 色彩搭配必须以突出商品为前提，恰当的色彩对比会使商品更加突出。

3. 商业空间中的空间配色不应超过三种，其中白色、黑色不算。

4. 大面积色彩不宜色度过高、色相过多，色彩明度差异过大会使人感到视觉疲劳。

5. 对重点商品，要利用各种色彩对比的方式突出表现。

6. 金色、银色可以与任何颜色相陪衬。金色不包括黄色，银色不包括灰白色。

7. 最佳配色深度是：墙浅、地中、陈设深。

8. 空间尽量使用素色的设计，以免影响商品在空间中的主导地位。

9. 顶面的颜色应浅于墙面或与墙面同色。当墙面的颜色为深色时，顶面应采用浅色。顶面的色系只能是白色或与墙面同色系。

10. 不同的封闭空间，可以使用不同的配色方案。

本章小结

商业空间在当今社会占有重要的经济地位，影响着我国经济增长的速度。伴随着人们消费能力的不断提高，营造良好、舒适的商业空间显得尤为重要。色彩应用作为商业空间设计的重要手段，影响着消费者的心理和行为，因此在设计过程中要合理地运用色彩来提升空间的商业价值，满足消费者的购物需求和审美需求，从而促进消费。

课后练习

1. 色彩在商业空间环境调节中起着什么样的作用？
2. 商业空间色彩设计的基本原则有哪些？
3. 在商业空间中色彩对人的心理感受应用，可以从哪些方面来体现？
4. 商业空间中材料颜色的选择上需要注意什么？
5. 收集商业空间中色彩运用的相关图片并进行分析。
6. 作业数量：2份。以PPT形式进行汇报分享，PPT页数要求为30页左右。建议完成课时：6课时。
7. 通过查阅网络、书籍等资料，观看北京奥运会开幕式，欣赏其中布置场景时如何运用色彩塑造鸟巢室内环境。
8. 查阅国内外优秀的商业空间色彩设计案例，思考其是如何运用色彩效果来营造舒适的室内空间并进行针对性分析。

第8章
商业空间陈设与绿化设计

识读难度：★★★★☆
重点概念：摆放方式、陈设规律、陈设技巧

◂ 章节导读

商业空间设计中陈设环境的使用具有很大灵活性，不仅具有特定的使用功能，包括组织空间、分隔空间、填补和充实空间，还应具有烘托环境气氛、营造和增加环境的感染力，强化环境风格等装饰作用，以及体现历史、文化传统、地方特色、民族风格、消费者品位等精神内涵（图8-1）。

图8-1：酒店中庭作为酒店设计的视觉中心，为丰富其空间，设计师会在空间总部加入当地特色植物。一方面将当地的植物放入室内，让消费者进店就感受到当地的风土人情；另一方面植物通过光合作用吸收二氧化碳，减少空气中的污染成分。

图8-1 酒店中庭绿化设计

8.1 家具摆放

8.1.1 家具与空间关系

家具对空间功能与艺术效果有着重要影响。家具摆放具有较大的可变性，利用家具作为空间中灵活的构件来调节内部空间关系，或变换空间使用功能，能提高商业空间利用效率。

家具布置一旦定位、定型，消费者行为路线、商业空间功能、装饰品观赏点和布置手段都会相对固定。家具的这种既可动，又不可轻易变动的空间特性，决定了家具作为商业空间构件的重要地位。

8.1.2 家具类别

1. 按使用材料分类

按使用材料可以分为木制家具（图8-2）、塑料家具（图8-3）、金属家具、石材家具和复合材料家具等。

2. 按家具布置格局分类

（1）对称式。对称式显得庄重、严肃、稳定而静穆，适合于隆重、正规的场合。

（2）非对称式。非对称式显得活跃、自由、流动，适合于轻松、非正规的场合（图8-4）。

（3）集中式。集中式适合于功能比较单一、家具品类不多、房间面积较小的场合，组成单一的家具组（图8-5）。

（4）分散式。分散式适用于功能多样、家具种类较多、房间面积较大的场合，组成若干家具组。

3. 按家具在商业空间的位置来区分

（1）周边式。家具沿四周墙布置，留出中间位置，空间相对集中，易于组织交流（图8-6）。

（2）中心式。将家具布置在商业空间中心部

图8-3 塑料家具

图8-3：塑料家具常用聚苯乙烯（PS）、聚氯乙烯（PVC）、聚乙烯（PE）等通用型塑料材料，其优点是抗水、抗潮、容易着色，但不耐老化、耐磨性稍差，一般用于使用寿命不需要很长的家具。在化妆品专柜空间设计上，由于产品更新换代频繁，使用聚苯乙烯塑料家具可以节约成本，且色彩和质感与化妆品搭配度高。

图8-2 木质家具

图8-2：木质家具具有美观、坚固、淳朴、自然等特点。面包店为突显食品的美味以及品质，在空间设计中搭配木制柜体、暖色灯光烘托气氛。

图8-4 非对称式

图8-4：在设计学中，非对称式设计称为积极空间，容易让人联想到动力与活力。在家具设计中，运用非对称式家居布局，打破以往的对称平衡，为商业空间增添时尚气息。

图8-5 集中式

图8-5：在商业空间有限的情况下，将家具集中布置可避免空间资源上的浪费，将多余空间作为其他功能区或是公共走道，满足整体商业空间的基本需求。

图8-6 周边式

图8-6：在商业空间内周边式家具布置可以节约空间，靠墙摆放家具不会占据过多的面积，显得空间宽敞明亮。周边式家具布局较为简单便利，不用过多考虑功能布局的问题。

位，留出周边空间，强调家具的中心地位和商业空间的支配权，交通流线在四周展开，保证中心不受干扰和影响（图8-7）。

（3）单边式。将家具集中在一侧，留出另一侧空间（图8-8）。

（4）走道式。将家具布置在商业空间两侧，中间留出走道节约交通面积（图8-9）。

总之，家具除了其自身的实用功能外，还与调节商业空间，组织交通，构成空间气氛有很大的关系。设计师应当根据不同的设计对象、条件、家具，因地制宜进行设计，真正发挥家具在商业空间的作用。不论采取何种形式，都应有主有次，层次分明，聚散相宜。

图8-7 中心式

图8-7：中心式家具在商业空间较为常见，很多商业空间都会使用这种方式进行布置。中心式家具布局有利于宣传当季热卖、热门的产品，吸引消费者目光，从而促进商品的销售。

图8-8 单边式

图8-8：将货架、商品柜统一放置在商业空间的一侧，留出另一侧空间作为走道。将购物区、公共区分开，功能分区明确，两者之间干扰小。

图8-9　走道式

图8-9：将走道分布于商业空间中心，商品以走道为方向进行布置，消费者进入店内后沿着走道的方向便可看到店内所有商品。但是这种家具布置方式不适用于面积较小的商业空间，会造成交通拥挤。

8.1.3　家具布置基本方法

1. 位置合理

酒店客房、客房套间要将谈话、休息处布置在入口位置，卧室在套间的后部。卧室内的床位一般布置在暗处，休息座位靠窗布置。

2. 方便使用

同一空间的家具在使用上都是相互联系的，它们的相互联系是根据人在使用过程中达到方便、舒适、省时、省力等活动规律来确定。

3. 丰富空间

家具不但丰富了空间内涵，而且能改善空间、弥补空间不足，因此应根据家具的不同体量大小、高低，结合空间给予合理的、相适应的位置，对空间进行再创造，使空间在视觉上达到良好的效果。

8.1.4　家具布置原则

1. 摆放方式

（1）点式家具布置。通常比较显眼，常以家具作为视觉中心（图8-10）。

（2）面式家具布置。通常面积较大，常以家具作为功能分区使用，利用家具分割空间（图8-11）。

2. 变化与统一

（1）形状的对比统一。家具的形状若是直方造型，则代表厚重稳定，会与周围的造型形成一种风格，同时也是协调共生关系。

（2）方向的对比统一。家具的方向对比一致会产生一种空间秩序感，有序、层次分明（图8-12）。

（3）质地的对比统一。家具的质地及颜色与周围环境对比会产生突出感觉，因此家具最好选用与环境协调的材质。同时色调的调和会使空间和谐统一。

（4）虚实的对比统一。家具与设计造型的虚实对比会产生一种空间限定作用，家具的摆放虚实要服务于功能空间。

8.1.5　家具布置的规律

传统家具布置只顾及视觉要求与形式美原则，现代商业空间在使用功能上要求满足视觉美感。

首先，要研究消费者在商业活动中的动态流

图8-10　点式家具布置

图8-10：点式布置以点缀的方式进行家具布置，增添空间的层次感。在酒店大堂运用点式布置，易使消费者最快发现前台或其他功能区。

图8-11 面式家具布置

图8-11：在超市、商场等大型商业空间，面积较为充裕，商品堆放成组，家具布置在主干道上，一方面将空间进行划分形成不同的功能区，另一方面促进商品的销售。

图8-12 方向的对比统一

图8-12：人们迈入商业空间时，目光具有局限性，家具放置方向不一致会造成视觉上的杂乱。相反，方向一致的家具会带给消费者整齐、舒适的感受，并在一定程度上节约室内空间。

线，在消费者运动与停留节点上布置家具，并满足特定使用功能。然后，需要研究不同空间部位对消费者的心理影响，这些关键位置对消费者有明确心理暗示效果，满足使用者对家具和商业空间的心理

需求。最后，为了充分利用空间，方便生活，在空间较开阔的位置设置家具，并使家具在空间中起到"拾遗补缺"的作用。

8.2 商品陈设

在现代商业活动中，商业空间的艺术陈设能提高商品品位，提升企业形象，宣扬企业与品牌文化，使消费者认同产品品牌，达成消费目的。陈设品作为商业空间的重要组成部分，将发挥越来越关键的作用。

8.2.1 商品陈设布置方式

1. 系列式

系列式是为生产厂商完整展示某一类产品而设置的，也可以按经营类别展示同一系列商品。如手机、化妆品等商品，同一品牌有不同的型号、样式、规格以及色彩等，而且新的产品层出不穷，为了宣传企业或品牌，通常将商品作为完整系列来展示，以达到品牌推广效应（图8-13）。

2. 专题式

专题式是指通过实物展示、文字介绍、图片说明等方法，专题介绍某种商品的展示形式。这种展示形成内涵丰富，气氛热烈，融商业性与文化性为一体，使消费者产生信任感（图8-14）。

第 8 章
商业空间陈设与绿化设计

图8-13 化妆品台面布置陈列

图8-13：化妆类商品的体积、规格以及牌号厂商都不同，但都是化妆品，通常也陈列在一起，体现出商店商品品种齐全的特点，给消费者选择、比较的余地，同时又能使消费者增加对该类商品的认识，缩短购买时间，提高工作效率。

图8-14 首饰布置陈列

图8-14：珠宝钻石店，通过珠宝钻石的形成原因等科普文字说明，加深消费者对商品的认识；通过珠宝钻石的加工工艺的图片介绍，让消费者了解商品品质优劣，从而认识到商品的价值，激发消费者的购买欲望。

3. 季节式

商品销售过程中，季节商品销售对全年销售计划起着决定性作用。季节性陈列就是将季节性商品，如服装、鞋帽、空调、冰箱等在该商品适用季节即将到来之前，略微超前地将该商品陈列于橱窗和展台或柜台内（图8-15）。

4. 场景式

场景式在橱窗陈列中使用较多，通过背景画面、道具、灯光等辅助手法营造具有强烈艺术感染力的场景，商品则是构成场景的重要角色，通过场景展示，显示其功能和外观上的特点。引起消费者的联想，因而激发消费者的购买欲望（图8-16）。

图8-15 季节式陈列方式

图8-15：为了突出季节性气氛，利用环境背景、道具、配色表现气候特征，以突出该商品的使用功能。季节式陈列有指导消费者和启发消费的作用，也是商场抓住商机的重要手段。

图8-16 场景式陈列方式

图8-16：根据商品特性，运用商品、饰物、背景和灯光等，营造出一个场景化空间。这种陈列方式具有创新性，生动、形象地说明了商品的特点和功能，吸引消费者目光，激发购买欲。

图8-17 女装专卖店综合式陈列

图8-17：女装专卖店将不同类型、不同用途、不同质地的商品，经过组合搭配、艺术处理，布置在货柜上，以显示商品品种多样，规格齐全等特点，吸引消费者。

图8-18 男装专卖店综合式陈列

图8-18：男装专卖店将当季较为流行的款式放置在专卖店入口的展示柜上，让消费者在远处就可以注意到该店商品，吸引消费者入店。

5. 综合式

中小型商店因面积规模因素的制约，商品陈列通常使用综合式。这种陈列方式要突出商店经营特色，选择有代表性的商品，避免杂乱无章，做到既丰富多彩，又主题明确、井然有序（图8-17、图8-18）。

8.2.2 商品陈设展陈技巧

1. 对称与均衡

对称是一种常见的形式美，在自然界中，植物的花和叶，矿物的结晶体，鸟类的羽翼都是对称的。在橱窗设计中，采用对称的陈列形式能给人以庄严、大方、稳定的美感。

均衡的特点是将其支持点放在偏离中心的一点，轴心两侧的艺术形式给人以优美活泼的感觉。在商品陈设中，商品的摆放往往把支点偏放在焦点上，离支点较远的一边放上较多的商品，离支点较近的一边陈设较少的商品，但在感觉上又获得平衡的印象。

均衡与对称相互联系，两者不可分割。只有将两者有机结合，才能创造出既变化又统一，既活泼又稳定，符合消费者欣赏习惯并受广大消费者喜爱的艺术形式（图8-19）。

2. 重复与渐次

重复是指物体与物体之间完全相同没有主次、等级之分，以相同的形体、颜色和相同的位置、距离，重复出现的一种构成形式。商品陈设运用重复的形式，把商品均等地、不断地展现在消费者面前，使每个物体都能发挥其自然性能，以加深观众的印象（图8-20）。

渐次是一种等级渐变的表现形式，与重复排列相似，但不尽相同，它在运用的分量上，有渐次增加或渐次减少的变化。如色彩上由深色逐渐到浅色，由冷色到暖色，形体上由小逐渐增大，或由大逐渐减小，给人一种生动活泼的感觉（图8-21）。

3. 疏密与虚实

疏密与虚实原是绘画构图中存在的点、线、面构成位置和连接关系。在绘画构图中，疏与密是互相依存的，没有密集的丰实，就显不出疏处的空旷。在商品陈设与布置中，所列商品之间位距的大小，商品组合体的体量和数量组合有多种变化形式，充分运用疏密的构图处理法则，就能产生较好的视觉效果。如体量大的商品较疏，体量小的商品则较密；透体商品宜密，实体商品宜疏；色彩鲜艳的商品宜疏，色彩灰暗的商品宜密（图8-22）。

虚实是指画面中表现的物体量与空间之间的对比，两者相辅相成，对立统一。商品在橱窗或柜台内陈列过实则沉闷拥塞，过虚则淡而无味，消费者会惘然而去（图8-23）。

图8-19　对称与均衡

图8-19：对称性具有美学价值。对称的应用给商业空间增添了高雅、庄重的氛围，给人带来不同的视觉体验。空间尽头运用拱形门作为视觉中心，两侧使用方形桌椅达成画面上的均衡。

图8-20　重复陈列

图8-20：将不同样式的餐具以相同的展示方法、陈列形式，互相距离相等地陈列在展台，在同样灯光的照射下，将展台变成视觉中心，引导消费者依次观看商品。

图8-21　渐次陈列

图8-21：在钟表展示区，由迷你挂钟到普通挂钟，由白色为主的挂钟到深色为主的挂钟，虽然单个形体是单调的，但经过渐次增加或渐次减少的排列组合，就产生了一种等级的渐次美，整个陈设组合加强视觉上的渐层深化，使画面丰富多彩。

图8-22　疏密陈列

图8-22：商品陈列设计上，对相同种类不同颜色商品进行阵列排放，可以形成较好的装饰效果，还可以吸引消费者的目光。但在物体疏密上，需要根据商品大小、颜色进行微调。

图8-23 虚实陈列

图8-24 对比陈列

图8-23：橱窗、柜台、展台都要因地制宜，整体陈列数量不宜过多，局部处理要突出重点，画龙点睛，才能引人入胜，给消费者留下深刻的印象。

图8-24：在色彩的对比中有色相、明度、纯度、冷暖、明暗等对比。将多种色相不同的商品按照一定的美学构成法则放置在一起，互相补充和衬托。

4. 对比与调和

对比是两种或几种物体并列在一起，既不相同，又不相似，有着明显的差异，形成显著对比的一种艺术形式，通常表现为形体对比和色彩对比两种形式。在形体对比中，有纵横、曲直方圆、高低、前后的对比。在色彩的对比中有色相、明度、纯度、冷暖、明暗等对比。将两种差异较大的物体按照一定的美学构成法则排列在一起，会互相补充、显得更和谐（图8-24）。

调和与对比相反，就是把性质、质量、色彩相近似的物体按照一定的美学构成原则，排列组合在一起，给人一种融洽和舒适的感觉。在造型艺术表现形式上有形体调和、色彩调和、音律调和等。形体调和表现为外形相同或相近的物体相调和。色彩的调和是色相环上相邻近的颜色调和，如赤与橙、黄与绿、蓝与紫就是调和色，还有在同一色相中，若浓淡配合适当，也是调和的表现。因此调和将会产生一种融洽和柔和的效果（图8-25）。

5. 节奏与比例

节奏是自然、社会和人的活动中一种与韵律结伴而行的有规律的变化。它是根据反复、错综和转换、重叠的原理，加以适度的安排，使之产生高低、强弱的韵律。节奏在音乐上是指重音和轻音的排列顺序，表现为一定拍节，连续发出一群音，并有高低，长短的变化，给人以悦耳的感觉。节奏表现为数量和形式的律动，有时是变幻的交替，如大海的波浪、重重群山都能使人感受到大自然的节奏美，节奏的周期性的律动，可唤起人们激昂、消沉、轻快、缓慢等千变万化的情感，可以促使人们实现心灵和精神的和谐（图8-26）。

比例是指形体本身在整体上的长、宽、高所占分量形成的倍数关系，以及形象之间位置大小的倍数关系。符合人们习惯认识的倍数关系为正常比例。人们在生产实践中发现1∶0.618的形体很美，被定为黄金比例（黄金分割），最有美学价值。在实际运用中，2∶3、3∶5、5∶8、8∶13、13∶21的比例与黄金比值近似，也是良好的比例关系，具有良好的表现力。在商业陈设布置中，运用节奏与比例形式法则可使陈设融入丰富的美学内涵，使消费者百看不厌（图8-27）。

图8-25 调和陈列　　　　　　　　图8-26 节奏陈列　　　　　　　　图8-27 比例陈列

图8-25：在书店柜体放置中，由于书本、文具盒、书包等都是长方体，因此书店的柜体一般也会采用方形进行陈列，这样组合在一起，是调和的。形体调和都具有差别小，互相类似的特点，没有显著的对比或刺激的变化。

图8-26：在商业空间陈列设计上，表现为线、形、色的反复变化。有时表现为错综交替变化的相同形式，有时又表现为重复出现变化的相重形式，由周期性的相同与相重，构成节奏美。

图8-27：在商品陈列设计上，将商品的大小、颜色以科学的比例关系进行陈列，让商品组合比例协调，看起来舒服。运用模特的高矮差以及服饰的颜色饱和度进行合理布置，达到理想中的视觉效果。

8.3　环境绿化

8.3.1　绿化陈设定义

绿化陈设艺术实际上属于空间陈设的一种，是指按照商业环境的特点，根据美学、生物学和环境学的原理，以观叶植物为主的观赏材料，使绿化与商业环境相协调，形成一个统一的整体，达到人、商业环境与大自然的和谐统一，具有很强的艺术表现力。

8.3.2　绿化陈设分类

商业空间陈设一般分为装饰性陈设和功能性陈设。绿化陈设兼备二者的性质。将绿化陈设引入商业环境中的初衷是使其起到装饰作用，但是配合植物造景原则，它们还可以起到对空间进行划分、暗示和联系的作用。此外，改善空气质量也是绿化陈设的一个主要作用。

现代商业空间作为主要的消费场所，受众面广，因此它的绿化陈设艺术要求更新快，标准高，有创新，只用单一的绿色植物直接作为陈设品不能满足其要求，而是要将绿化陈设的功能需求与造景原则、环境艺术等综合在一起。根据其发展方向主要分为两类：绿叶陈设、花艺设计。

1. 绿叶陈设

绿叶陈设在传统的陈设设计中比较多，主要包括绿植、盆景、插花等。绿植分为地栽与池栽两种形式，一般包括孤植、对植、丛植以及群植四种种植方式。

盆景是以植物和山石为基本素材，在盆内表现微型自然盆景的艺术品；是一种将山水树木经过提炼抽象化，表达风景意境的一种艺术形式。盆景是我国传统的艺术形式之一，在我国至少有1200年的历史。盆景在唐代时期由我国传入日本，被称为"盆栽"。盆景一般有树桩盆景和山水盆景两大类，前者以树木为主要材料，加以山水、人物、鸟兽等作陪衬（图8-28）。

山水盆景以各种山石为主要素材，以大自然的山水景观为范本，经过精选和雕塑等技术加工，布置于浅口盆中，在石中留有种植穴，便于栽植草木。在当代的盆景创作中，还有"树石组合类"盆景。

2. 花艺设计

花艺设计是以花材为主要素材，通过艺术构思、剪裁整形与摆插来表现自然美与生活美的一门艺术。将各类花型的特征和色调用不同材质的玻璃、陶、木、藤、竹、石等形态各异的器皿，加以重组和衬托，突出不同品类的花、叶、枝、虚实、疏密的变化手法，达到特定环境空间所需要的装饰效果（图8-29）。

8.3.3 商业空间中环境绿化的作用

1. 美化视觉效果

商业空间能否使消费者产生消费欲望，往往取决于这个环境给消费者的第一眼视觉效果，即第一印象。在现代商业空间中进行绿化陈设艺术设计，不仅仅是将自然界的绿色植被引入冰冷的建筑中，体现植物本身的美，包括其组合形态、色彩和芳香，更重要的是通过适量的植物配景，使商业环境形成绿化空间，人们置身于自然环境中，会感到心旷神怡，悠然自得（图8-30）。

图8-28 盆景组合

图8-28：通过修剪、整形等园艺手段，在盆景中体现千姿百态的形式。树形盆景一般分为观形、观叶、观果和观花四种类型，宜选用枝叶小巧、生命力强、生长速度缓慢、寿命长、枝干奇特的树种配以艳丽的花、果者更好。

图8-29 商业空间花艺设计

图8-29：花艺设计将大自然中万紫千红的花卉引入商业空间作为装饰环境的主体，增强商业空间的氛围感。花艺设计是再创自然美与形式美的设计，是刻意再现大自然与生活、人情与装饰情趣的创造，是探索审美意识的一门艺术。

图8-30 美化视觉效果

图8-30：通过植物造景原则以及各种艺术手法，有机的配置，从色彩、形态、质感组合形式等方面形成鲜明的对比，使其呈现出艺术美感。

图8-31 填充和划分空间

图8-31：现代建筑的商业空间越来越大，越来越通透，墙的空间割断作用已经逐渐被绿化代替，除了绿化植物单独落地布置外，还可以与其他商业陈设相互组合，形成有机整体。

2. 促进消费

商业空间中绿化陈设艺术对消费者心理上的影响主要有两个方面：愉悦消费者的心情和激发消费者的购买欲望。研究表明，与缺乏植物的环境相比，人们更喜欢绿色覆盖的大自然环境，并且有助于保持愉悦的心情，这是人的本性所致。人们在一个特定的购物环境中，满足了视觉的美感，放松了心情，继而就会产生消费欲望，这是一种连锁反应。

3. 填充和划分空间

以观赏为目的商业空间中，绿化陈设是商业空间的主体，填充整个商业空间。在整体绿化设计中，大多采用地栽、盆栽或攀缘植物，除了基础设施（通道、用餐区、卫生间等）之外，全部种植绿植，搭配不同的品种，高低错落，使空间组织看起来更加丰富（图8-31）。

4. 突出重点场景

绿化陈设艺术是绿化植物与装置艺术的高度结合，具有很高的观赏价值，能够强烈吸引人们的注意力，因而常能起到烘托重点或主体的作用（图8-32）。

图8-32 突出大厅重点场景

图8-32：商业空间的门厅入口及商业自身景观都是吸引消费者的关键位置，在这些地点摆放绿化陈设，会在第一时间吸引消费者注意力，增加消费者对此的好感度，带来意想不到的效果。

8.3.4 环境绿化应用原则与手法

绿色植物在商业环境中的应用应根据不同空间位置，选择相应的植物品种。但绿化通常利用剩余空间，或不影响交通的墙边、角隅，并利用悬、吊、壁龛、壁架等方式充分利用空间，尽量少占商业空间使用面积。同时，某些攀缘、藤萝植物又宜于垂悬以充分展示其风姿。因此，绿化的布置，应从平面和垂直两方面进行考虑，形成立体的绿色环境。

1. 重点装饰与边角点缀

把绿化作为主要陈设并使其成为视觉中心，以其形、色的特有魅力来吸引人们，是许多厅室常采用的一种布置方式，绿植可以放置在厅室的中央或在门厅内做植物组景，使其色彩与室外相关联，内外结合相得益彰（图8-33）。

2. 垂直绿化

在共享商业空间的顶面，可以悬挂特殊花艺设计而成的花球或枝条，并与灯饰相结合，不仅增加绿化效果，丰富空间层次，还可以营造夜间效果（图8-34）。

3. 点状布置与面状布置

点状布置是独立或成组设置盆栽植物，往往是成为商业空间的景观点，具有较强的观赏性和装饰性。常用各种花盆、花篮围成花坛，再配以绿化植物点缀，创造色彩斑斓的动人景色。面状布置是将原本有限的空间全部散布绿化陈设，风格统一又不失活泼，形成一幅生动的画面，使商业气氛更加热烈（图8-35、图8-36）。

4. 线性布置

在现代商业空间的扶手电梯处、通道入口、自动扶梯两侧，连续摆放一排或几排盆栽植物，多成均匀对称状，而且植物材料在形状、大小、色彩上都尽量保持一致（图8-37）。

图8-34 墙面垂直绿化

图8-34：在建筑的柱、架、棚或共享空间的各层栏板外延，种植藤本植物，使其攀缘其上。这类植物一般有牵牛花、紫藤、常春藤等，可塑性较大，易于人工造型，可形成独特的观赏形态，成为垂直绿化景观。

图8-33 植物景观的边角点缀

图8-33：植物景观在商业空间中应营造简洁鲜明的气氛，可选用姿态挺拔、色彩鲜艳、不阻挡人们视线的观叶型盆栽植物。也可在入口处选用有特色的花艺进行布置，如色彩明亮、造型奇特的插花、盆花等，使室内外景观产生呼应与联系。

图8-35 植物景观的点状布置

图8-35：在商业空间中安排点状植物景观一般运用较小的植被进行装饰，其布置目的是突出重点，植物在形态、颜色、质地各方面要精心挑选。

图8-36 植物景观的面状布置

图8-36：面状植物布置在商业室内空间是将植物排布在室内墙面，将单一的植物组合构成面的形式，一般用于背景墙装饰。在植物的选择上，可大小不一、高矮搭配，体现植物的群体美。

图8-37 植物景观的线性布置

图8-37：在楼梯处设置线状景观既可以划分人流，强调线性的方向性，还可以增强绿化效果。

5. 组成背景、形成对比

绿化的另一作用，就是利用其独特的形、色、质，将绿叶或鲜花充当屏障，组成背景或与其他墙面形成对比。

6. 结合家具、陈设等布置绿化

商业空间绿化除了单独落地布置外，还可与家具、陈设、灯具等物件结合布置，相得益彰，组成有机整体。

7. 沿窗布置绿化

商业空间沿窗布置绿化，能使植物接收更多日照，并形成商业绿化景观，可以设计成花槽或采用低台放置小型盆栽等方式。

8.4 陈设与绿化设计案例

下面介绍两个具有代表性的商业空间陈设与绿化设计案例。

8.4.1 野兽派咖啡店

咖啡店坐落在商业街临街，店面2层，面积约为170m²，内部楼梯通往上下两层，开门较多，联通相邻商业空间，方便消费者出入，消费频率高。

该空间的陈设品多以复古家具、挂件、摆设为主，希望能吸引对异域风情感兴趣的年轻消费者。店内陈设与绿化物品也可以作为商品销售，为对这些物品情有独钟的特定消费者提供便利（图8-38）。

二层面积比一层小许多，其可设置功能的空间也相对少许多。因此，二楼仅需要满足较少的客流需求即可，大部分的功能将在一楼实现（图8-39）。

走进咖啡厅,大量的绿化出现在消费者的视野中,多元化的植被生长揭示着时间的流逝,结合着简单、原始的木材形成了独特的空间,在空间内呈现出一种自然的朴实感(图8-40~图8-45)。

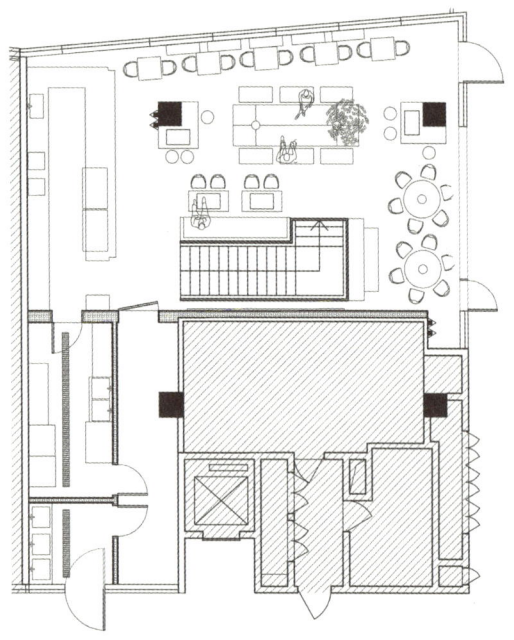

图8-38 咖啡店一层平面布置图

图8-38:咖啡店的设计风格以Loft为主,局部混搭东南亚风格,在装饰陈设上偏重采用绿化植物,尽可能地将绿化氛围覆盖全店,投资者与设计师深刻认识到追求个性、时尚的年轻人是咖啡店的主要消费群体。

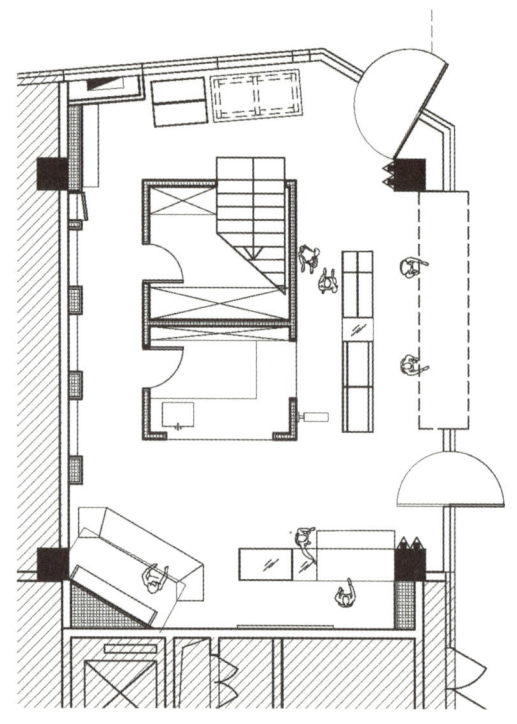

图8-39 咖啡店二层平面布置图

图8-39:二层增加了茶水间和接待区,将经营范围不断提升,拓展了商业空间的功能。

图8-40 店面外墙次入口

图8-40:店面外墙运用防腐木材进行铺贴,结合室内的绿化植物设计,让消费者在进入的瞬间就感受到咖啡厅的自然氛围。运用绿色与木色的天然搭配,形成较强的视觉效果,吸引消费者前往。

图8-41 店内陈设与绿化

图8-41:店内以复古风格为主,主要使用较为深沉的颜色进行装饰。为使空间具有层次感,在设计过程中加入少量绿化植物,使空间更有活力与生机。

图8-42 座席区与操作区

图8-42：西餐厅的装修风格具有异域风情，各种绿植的搭配加上座椅的颜色点缀，让消费者有进入爱丽丝世界一般的奇妙体验。

图8-43 座席区

图8-43：该商业空间没有过多的隔断或通过墙体对空间进行划分，没有有意或无意的动线标识，而是通过放置植被自然地引导消费者。服务台的灯光设计具有强烈的可识别性，虽然点单区不在入口处，而在靠内侧的位置，但是能够让消费者一眼识别出点单区。

图8-44 走道陈设

图8-44：二楼铺设的复古地砖让整个空间充满自然气息，消费者可以慢慢欣赏店内设计。

图8-45 吧台

图8-45：窗台旁的墙面倾斜铺装复合木地板，在视觉上让吧台空间具有流动性。在吧台上运用点状植物放置的方法，选择较美观的盆栽放在桌子上，为美好的室内空间增添一抹自然氛围。

8.4.2 生态自助餐厅

该自助餐餐厅坐落于大型商场5楼，占地面积500m²，是时尚年轻人的聚集地，希望可以打造出与传统自助餐餐厅与众不同的室内风格，让前来就餐的消费者可以舒适就餐，轻松品味美食（图8-46）。

餐厅专注于美食，因此在整个用餐空间上，希望强调出人与自然的亲密关系。人们在这个空间既可以欣赏到自然材料纹理又能享受到美味的食物（图8-47～图8-50）。

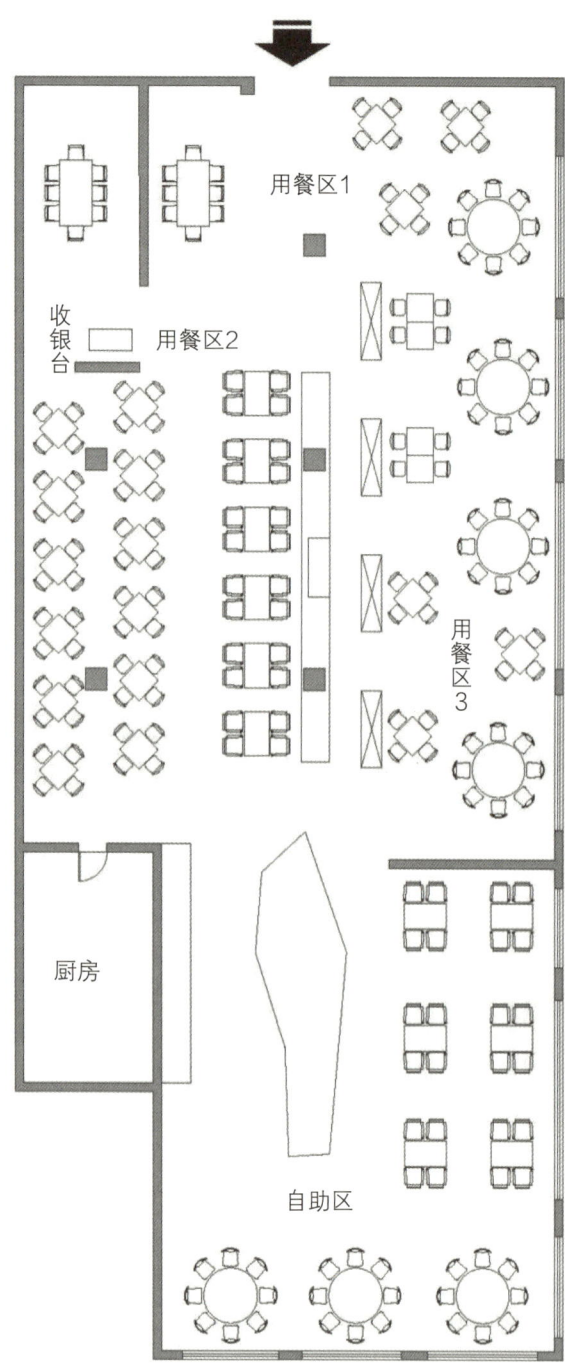

图8-46 生态自助餐厅平面布置图

图8-46：由于是自助餐厅，不需太大的后厨空间，在空间上设计半开放式用餐空间，能够整体增大用餐空间，保证高峰期人流的流动性，增加收益。

图8-47 走道空间

图8-47：在走道空间中，拆除原本的墙体后不仅增加了桌位，而且还增强了采光，对人流进行分流，增强空间动线的多样化。

图8-48 就餐区

图8-48：该商业空间除了利用承重柱来对空间进行划分，还使用卡座、座椅等方式对整体空间进行区域划分，在家具设计上使用亮色进行装饰，让空间更具有活力。

图8-49 隔断装饰

图8-49：该商业空间的主题是人与自然，因此空间中处处可见绿色，承重柱也被包装成树的样子，整体氛围轻松、愉悦。

图8-50：大面积墙面如不进行装饰，很容易导致空间无亮点，而太多复杂的装饰会吸引消费者过多的目光，不利于消费者将注意力集中在菜品上。因此，在墙面安装仿真树叶，搭配洗墙灯表现出原始生态氛围，也为空间增加了亮点。

图8-50 仿真生态墙

本章小结

陈设设计作为商业空间中的视觉体现，将商品有效地展示给消费者。有效的色彩世界是吸引消费者眼球的关键所在，在设计过程中需要确定商业空间的设计风格，根据风格选定家具，使得陈设家具可以反映出商品、空间的质感和光感等，获得独特的视觉效果。在商业空间中恰当地放置植被，不仅有利于装饰室内商业空间，而且有利于提高环境质量，是商业空间设计的重要组成部分。

课后练习

1. 商业空间家具摆放的基本方法与原则有哪些？
2. 商业空间中，环境绿化的应用原则和手法有哪些？
3. 商品陈设有哪些展示技巧？
4. 绿化设计对于商业空间而言有什么作用？
5. 收集商业空间陈设与绿化的相关图片并进行分享讨论。
6. 作业数量：2份。以PPT形式进行汇报分享，PPT页数要求在30页左右。建议完成课时：6课时。
7. 通过网络、书籍查阅故宫博物院文创馆的室内陈设图，学习其中的陈设布置方式，并思考其中运用了哪些设计思路及方法。
8. 习近平总书记曾在采访中提到："读书可以让人保持思想活力，让人得到智慧启发，让人滋养浩然之气。"书店正是阅读的好去处。请参观当地特色书店，并观察书店每层的书架、座位等的布置，学习其陈设布置。

参考文献 REFERENCES

［1］ 张绮曼，郑曙旸. 室内设计资料集［M］. 北京：中国建筑工业出版社，1993.

［2］ 郭立群. 商业空间设计［M］. 武汉：华中科技大学出版社，2008.

［3］ 周莉，袁樵. 餐厅照明［M］. 上海：复旦大学出版社，2004.

［4］ 鲁睿. 商业空间设计［M］. 北京：知识产权出版社，2005.

［5］ 周昕涛，闻晓菁. 商业空间设计基础［M］. 上海：上海人民出版社，2012.

［6］ 符远. 展示设计［M］. 北京：高等教育出版社，2003.

［7］ 田鲁. 光环境设计［M］. 长沙：湖南大学出版社，2006.

［8］ 张志颖. 商业空间设计［M］. 北京：中国电力出版社，2008.

［9］ 周长亮，李远. 商业空间设计［M］. 长沙：中南大学出版社，2007.

［10］ 李泰山. 环境艺术专题空间设计［M］. 南宁：广西美术出版社，2007.